安徽省一流教材建设项目成果

一流规划教材

新媒体技术类

Maya
三维动画艺术

MAYA 3D ANIMATION ART

第2版

张燕翔 编著

U0258890

中国科学技术大学出版社

内 容 简 介

　　本书系统地介绍了使用 Maya 进行三维动画设计的相关知识,内容翔实、结构完整、语言流畅。书中提供了大量经典、生动的案例,读者可边学边做,快速入门。本书适合作为相关专业教材使用,对相关设计者、爱好者也有一定的参考作用。

图书在版编目(CIP)数据

Maya 三维动画艺术/张燕翔编著. —2 版. —合肥:中国科学技术大学出版社,2022.7
ISBN 978-7-312-04888-3

(中国科学技术大学一流规划教材)
安徽省一流教材建设项目成果

Ⅰ.M… Ⅱ.张… Ⅲ.三维动画软件 Ⅳ.TP391.41

中国版本图书馆 CIP 数据核字(2022)第 080967 号

Maya 三维动画艺术

MAYA SANWEI DONGHUA YISHU

出版	中国科学技术大学出版社
	安徽省合肥市金寨路 96 号,230026
	http://press.ustc.edu.cn
	https://zgkxjsdxcbs.tmall.com
印刷	合肥市宏基印刷有限公司
发行	中国科学技术大学出版社
开本	787 mm×1092 mm　1/16
印张	17.5
字数	431 千
版次	2011 年 6 月第 1 版　2022 年 7 月第 2 版
印次	2022 年 7 月第 2 次印刷
定价	49.00 元

前　言

我自 1999 年以来在中国科学技术大学开设"3D 动画设计"课程,时值 Maya 推出 PC 版本,遂逐步在课程中采用 Maya 开展三维动画设计的教学,同时形成讲义,并在多次使用中不断调整以完善其结构,之后在该讲义的基础上成功申报普通高等教育"十一五"国家级规划教材项目,在 2011 年出版其第 1 版,后来本书的再版获得安徽省"十三五"规划教材项目以及安徽省一流教材项目支持,而我基于本书所开设的课程"3D 动画与特效"也成功申报成为安徽省省级 MOOC 课程项目。

Maya 作为当今功能较为强大的三维动画设计软件之一,随着它从 Maya 1.0 版本发展到目前的 Maya 2022 版本,各方面的功能均有大幅度的提升和改进,它在数字娱乐行业的应用也越来越广泛而深入,曾经有报道称当今电影特效有约 95% 是使用 Maya 制作的。

Maya 庞大的功能体系与有限的教学学时安排之间的矛盾是我在教学中一直致力解决的问题,并最终体现在本教材内容体系的设计上:综合考虑对基本功能的介绍以及行业应用对功能的需求,结合多年教学实践中学生学习掌握的实际情况,努力做到详略得当,使读者能获得最佳的学习效率。对于基础性的教学内容,本书力求以精练的语言和简短的篇幅进行讲解,同时配以难度适中的案例教学,使读者能够较为科学地安排学习进度及提升学习效率。尤其是,在这次再版中,本书篇幅从第 1 版的 700 多页浓缩至不到 300 页,但是 Maya 创作最常用的功能都尽量结合案例进行了精要的介绍。

本书在功能介绍的同时注重创作过程中常见方法和思路的剖析,在案例的安排组织上力争体现艺术创作中对技术手段应用的各种可能性,以期读者在学会技术的同时能够深入理解技术与艺术的结合,用好技术,用活技术,从而为创作奠定技术和艺术两个方面的重要基础。

本书介绍以 Maya 为主,但不局限于 Maya,针对三维艺术创作中的提高效率以及灵活度的需求,在相关内容章节中以精简的篇幅穿插介绍了 ZBrush、Keyshot、Nuke 等第三方软件,以提高读者进行三维创作的效率和质量,并拓展其艺术表现的空间。

本书的内容体系设计、初稿编写及最终完稿主要由张燕翔完成,同时如下同志参与了部分内容的编写:殷培栋、程佳琪参与了建模模块部分内容的编写,杨凯参与了渲染模块部分内容的编写,顾帅、王若依参与了动画模块部分内容的编写,何丹宁参与了动力学模块部分内容的编写,杨春勇、王格参与了脚本与特效模块部分内容的编写。

2018 年,我在对本书进行修订的同时,获得安徽省 MOOC 项目支持,遂选取了书中部分案例制作为 MOOC 课程，在课程中，读者可以看到本书部分案例制作过程的视频演示，也有部分案例的素材及场景文件，感兴趣者可登录"中国大学慕课"（https：//www. icourse163. org/）后搜索"3D 动画与特效"进行学习。

Maya 功能体系庞大复杂，而笔者水平有限并受时间篇幅限制，书中难免存在不足之处，恳请读者不吝赐教，并可通过邮件交流：petrel@ustc. edu. cn。

张燕翔

2022 年 4 月于中国科学技术大学

目　　录

前言 ……………………………………………………………………………………（ⅰ）

第1章　Maya 常用编辑功能 ………………………………………………………（ 1 ）

1.1　Maya 界面 …………………………………………………………………（ 1 ）

1.2　对象管理 ……………………………………………………………………（ 13 ）

1.3　编辑物体属性 ………………………………………………………………（ 19 ）

1.4　同步测试 ……………………………………………………………………（ 22 ）

第2章　Maya 曲面基本体 …………………………………………………………（ 23 ）

2.1　曲面基本体 …………………………………………………………………（ 23 ）

2.2　曲面旋转造型 ………………………………………………………………（ 25 ）

2.3　曲面放样造型 ………………………………………………………………（ 27 ）

2.4　放样造型案例：小鸭 ………………………………………………………（ 28 ）

2.5　同步测试 ……………………………………………………………………（ 31 ）

第3章　曲面建模 ……………………………………………………………………（ 32 ）

3.1　曲面挤出造型 ………………………………………………………………（ 32 ）

3.2　曲面双轨造型 ………………………………………………………………（ 35 ）

3.3　利用曲面建模制作老式手机 ………………………………………………（ 38 ）

3.4　曲面头部建模方法 …………………………………………………………（ 46 ）

3.5　同步测试 ……………………………………………………………………（ 49 ）

第4章　多边形、变形、Paint Effects 建模 ………………………………………（ 51 ）

4.1　多边形建模 …………………………………………………………………（ 51 ）

4.2　多边形建模案例：飞船 ……………………………………………………（ 53 ）

4.3　多边形建模拓展：使用 ZBrush 建立人体模型 …………………………（ 56 ）

4.4　变形建模 ……………………………………………………………………（ 61 ）

4.5　Paint Effects 笔刷绘制 ……………………………………………………（ 68 ）

4.6　Paint Effects 笔刷修改 ……………………………………………………（ 71 ）

4.7　同步测试 ……………………………………………………………………（ 74 ）

第 5 章　动画基础 ···（75）

　5.1　关键帧动画 ···（75）

　5.2　路径动画 ···（76）

　5.3　面部动画 ···（78）

　5.4　驱动关键帧动画 ···（81）

　5.5　同步测试 ···（85）

第 6 章　复杂动画与批渲染 ···（87）

　6.1　表达式动画 ···（87）

　6.2　非线性动画 ···（88）

　6.3　动画曲线 ···（93）

　6.4　批渲染 ···（98）

　6.5　同步测试 ··（102）

第 7 章　角色动画技术 ···（103）

　7.1　骨骼 ··（103）

　7.2　蒙皮 ··（105）

　7.3　案例：机械臂抓取物体 ···（108）

　7.4　同步测试 ··（115）

第 8 章　材质 ···（116）

　8.1　材质基础 ··（116）

　8.2　材质贴图：树叶 ··（145）

　8.3　材质贴图：地球 ··（148）

　8.4　材质贴图：可乐罐 ··（151）

　8.5　UV 划分与贴图案例：飞行器 ···（154）

　8.6　Arnold 渲染器入门 ···（165）

　8.7　KeyShot 渲染 ··（169）

　8.8　同步测试 ··（172）

第 9 章　动力学特效 ···（174）

　9.1　粒子 ··（174）

　9.2　刚体 ··（205）

　9.3　牛顿摆 ··（207）

　9.4　柔体 ··（210）

　9.5　粒子模拟液体 ··（221）

　9.6　动力学预置效果 ··（226）

　9.7　流体系统 ··（232）

9.8　流体案例 ··· (245)

9.9　同步测试 ··· (250)

第 10 章　摄像机跟踪合成 ··· (252)

10.1　读入素材及镜头畸变矫正 ··· (252)

10.2　摄像机跟踪及输出 ··· (254)

10.3　在 Maya 中导入摄像机进行场景设计 ································· (256)

10.4　动画与视频的融合 ··· (259)

10.5　同步测试 ··· (260)

参考答案 ·· (262)

附录　Maya 的常用快捷键 ·· (264)

第 1 章 Maya 常用编辑功能

1.1 Maya 界面

1.1.1 Maya 界面布局及说明

Maya 的界面及说明如图 1-1 所示。

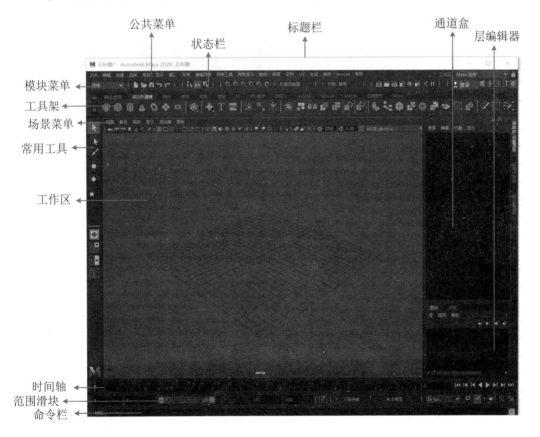

图 1-1 Maya 的界面及说明

1. 标题栏

标题栏用于显示软件版本、项目名称、场景名称。

2. 菜单栏

菜单栏包括公共菜单和模块菜单。

Maya 具有大量的模块,而界面空间有限,不可能将所有的菜单项同时放在菜单栏里,为此 Maya 采取了将菜单项分为公共菜单与模块菜单的办法来解决。公共菜单包括文件、编辑、创建、选择、修改、显示、窗口、Arnold 和帮助,它们始终显示在菜单栏上,而模块菜单仅在选择某模块时才调出,如图 1-2 所示。

图 1-2　Maya 的公共菜单和模块菜单

(1) 菜单的形式与使用

Maya 中的菜单有数种形式,第一种是只有一个菜单名,单击菜单名则执行相应命令;第二种是其后带有一个"■"符号,单击该符号可弹出相应的参数对话框;第三种是其后带有一个"▶"符号,单击则可弹出相应下一级菜单,如图 1-3 所示。

图 1-3　菜单的形式与使用

(2) 模块菜单的调用

为了使用不同模块的功能,我们需要对模块菜单进行设置,具体方法是按下菜单栏左边菜单设置列表框上的三角形按钮,弹出下拉列表,然后在其中进行选择,如图 1-4 所示。

也可使用热键切换模块菜单,切换至各个模块菜单的快捷键如下:F2→动画,F3→表

图 1-4　模块菜单的设置

面,F4→多边形,F5→动力学,F6→渲染。

3. 状态栏

状态栏主要用来指示和设定各类功能菜单和工具的设置、显示工作过程中选择物体种类的限制以及提供一些常用功能,如图 1-5 所示。

图 1-5　状态栏

4. 常用工具

(1)选取工具

用于选择场景和编辑器窗口中的对象或组件。当用它选中某个对象时,该对象呈现为淡绿色。选择的方法为单击欲选择对象上的点、线、面,或者在工作区中单击并拖动鼠标,画出一个部分穿过欲选择对象的矩形虚框。

该工具的快捷键为 Q 键,即按下 Q 键可以快速选中该工具。

(2)移动工具

移动工具通过拖动变换操纵器移动选定对象或组件。主要用于移动场景中的对象,如点、线、面。使用该工具可以调整各对象的空间位置关系,将它们放置在预定的位置上。在 Maya 中,限制对象在某两轴确定的平面内移动的方法是按住 Ctrl 键,再单击第三轴的移动手柄,例如,要把对象限制在 XOY 平面内移动,可按下 Ctrl 键,然后单击 Z 轴移动手柄。

我们也可以使用鼠标中键来移动对象,这种情况下首先按住 Shift 键,再拖动鼠标可以进行对象移动方向的选择,这个过程中我们将发现不同的手柄变为黄色,这样,我们可以在固定方向移动与自由移动模式间方便地切换。

该工具的快捷键为 W 键,即按下 W 键可以快速选中该工具。

(3)旋转工具 ◆

旋转工具通过拖动旋转操纵器旋转选定对象或组件,例如旋转指定的点、线、面。当用它选中某对象时,该对象呈现为淡绿色,同时出现一个具有三个旋转手柄的虚球体。选择的方法为鼠标单击欲选择的对象上的点、线、面,或者在工作区中单击并拖动,画出一个部分穿过欲选择对象的矩形虚框。单击虚球体欲旋转方向上的旋转手柄并拖动可以旋转该对象。旋转时从中心位置开始出现一条半径,并随对象的旋转拖出一扇形区域,表示已旋转的角度。

该工具的快捷键为 E 键,即按下 E 键可以快速选中该工具。

(4)缩放工具 ■

缩放工具通过拖动缩放操纵器缩放选定对象或组件。该工具用于改变对象的大小和比例。当用它选中某对象时,该对象呈现为淡绿色,同时出现一个具有三个立方体的缩放手柄。选择的方法为单击欲选择的对象上的点、线、面,或者在工作区中单击并拖动,画出一个部分穿过欲选择对象的矩形虚框。按下缩放手柄上的立方体并拖动,可在该手柄的方向上缩放对象;若按下三轴交点处的正方体图标按钮,则可以等比例地缩放对象。

该工具的快捷键为 R 键,即按下 R 键可以快速选中该工具。

改变对象移动、旋转及缩放中心点的方法:为了方便不同编辑条件下对对象的处理,我们可以通过按下 Insert 键并拖动来改变对象的中心点,当我们按下 Insert 键后移动手柄将变为一圆环形图标,拖动使之到新的中心位置,然后再按下 Insert 键即可将该点设为新的中心点,注意这个新的中心点的位置是与对象相对固定的,同时这个新的中心点也将是下一次移动该对象时移动以及旋转的中心点。

(5)套索工具 ◤

套索工具通过在场景中的对象和组件周围自由绘制形状来选择这些对象和组件。

5．通道盒

通道盒用于设置对象的属性参数。当我们选中一对象时,通道盒中将显示其各种属性的参数,如形状、缩放、移动、旋转、可见否等。

一个通道盒包括:

◆ 变形工具的参数,如缩放、移动、旋转等的数值。

◆ 对象的形状名称,如 nurbsSphereShape1。

◆ 该对象所属形状属性的参数,即构造该形状的各种几何参数。

如图 1-6 所示为一个 NURBS 球体的通道盒的内容。

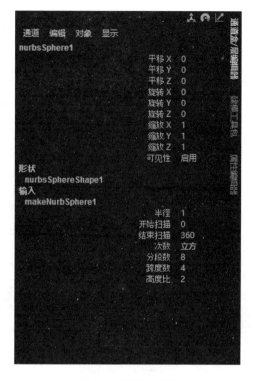

图 1-6　通道盒示例

6．工作区

工作区是进行创作的主要窗口,用于显示顶视图、远视图、前景图及侧视图中的一个或多个。可以通过按下空格键在各视图间进行切换,方法是将鼠标放在欲切换的视图上,然后按下空格键并立即松开,即可以切换到该视图。如图 1-7 所示为切换前后的对比。视图的切换极其方便我们对立体造型的观察与编辑。

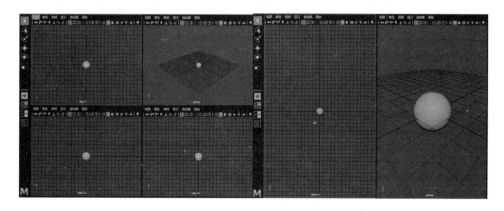

图 1-7　工作区的视图切换

7．脚本编辑器

按下界面右下角的脚本编辑器按钮“▦”可以调出脚本编辑器,其里面记录着有关的操作信息并能输入 MEL 命令,如图 1-8 所示。

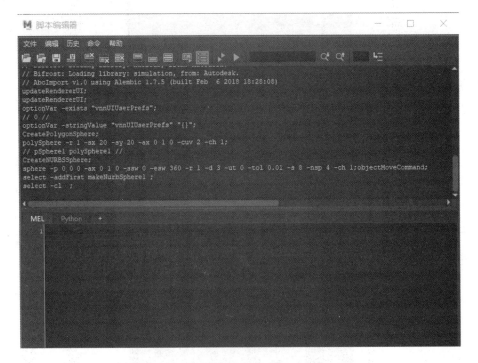

图 1-8　脚本编辑器

8．时间轴与范围滑块

时间轴与范围滑块主要用于显示动画的相关控制,如图 1-9 所示。

图 1-9　时间轴与范围滑块

时间轴旁边的"▦"按钮可以为时间轴添加书签,使用选中的颜色标记相应的时间段,如图 1-10 所示。点击"◀"按钮可以调节动画的音量。

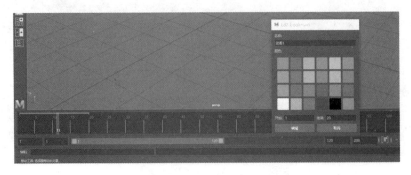

图 1-10　时间轴标签

9．命令栏与反馈栏

命令栏用于输入 MEL 命令,命令反馈框显示命令执行的状态,反馈栏则显示当前操作的状态,如图 1-11 所示。

图 1-11　命令栏与反馈栏

10.　工具架

工具架位于视窗上部,它为工具的个性化配置提供了方便,我们可以根据命令、操作或工具的使用情况,将常用的工具放到工具架中,以方便快速地使用它们,如图 1-12 所示。

图 1-12　工具架

(1)在工具架里增加一个命令按钮

按下“▦”按钮打开脚本编辑器,然后使用菜单及其他工具进行一些有目的的操作,这时我们可以看到在脚本编辑器里记录着刚才所进行过的操作,使用鼠标选中它们并拖动,拖动时鼠标将变为一带“＋”号的图标,拖至目标工具架后松开鼠标,如图 1-13 所示,则刚才的操作过程就被记录为一个命令按钮,只要单击之就可以重复整个操作过程。

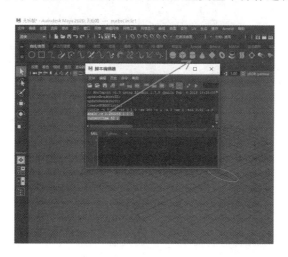

图 1-13　将操作过程记录为一个命令按钮

此外,我们还可以使用鼠标中键将一个已有的按钮从一个工具架拖动复制到另一个工具架,如图 1-14 所示。

图 1-14　移动、复制工具按钮

（2）删除一个命令按钮

我们可以使用鼠标右键将一个不用的工具按钮删除，如图 1-15 所示。

图 1-15　删除一个命令按钮

（3）工具架编辑器

选择"窗口＞设置/首选项＞工具架编辑器"命令，将弹出如图 1-16 所示的工具架编辑器对话框。

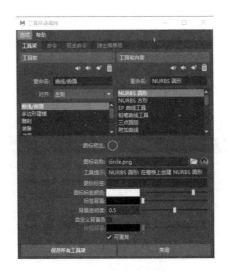

图 1-16　工具架编辑器

11．提示

在 Maya 中，项目是一个或多个场景文件的集合，包括与场景相联系的文件，如与场景、声音、纹理以及渲染有关的动画等文件。同时，它也指定了数据保存的路径或目录，并将所有的文件保存在此目录下。如图 1-17 所示为一个 Maya 项目保存目录的情景。

1.1.2　工作区菜单

工作区内包括如下菜单：视图、着色、照明、显示、渲染器、面板。

1．视图菜单

用于场景中的摄影机、视图等的管理，菜单选项如下：

（1）选择摄影机。

图 1-17　Maya 项目保存目录示意图

（2）锁定摄影机。

（3）从视图创建摄影机。

（4）在摄影机之间循环切换。

（5）撤销视图更改。

（6）重做视图更改。

（7）默认视图。

（8）沿轴查看。

（9）注视当前选择：把当前选中的物体放到视图中央。

（10）当前选择的中心视图。

（11）框显全部：调整场景中所有对象的大小，使之显示在工作区边框内部。

（12）框显当前选择：调整所选择对象大小，使之显示在工作区边框内部。

（13）框显当前选择（包含子对象）。

（14）将摄影机与多边形对齐。

（15）预定义书签。

（16）书签。

（17）摄影机设置：改变或设置摄影机的参数。

（18）摄影机属性编辑器：显示摄影机属性编辑器对话框。

（19）摄影机工具：提供了许多应用摄影机的操作，使用它们能方便地调整场景的视图。

（20）图像平面。

（21）查看序列时间。

（22）播放器控件。

2．着色菜单

用于设置对象的显示方式和显示效果，菜单选项如下：

（1）线框。

（2）对所有项目进行平滑着色处理。

（3）对选定项目进行平滑着色处理。

（4）对所有项目进行平面着色。

（5）对选定项目进行平面着色。

（6）边界框。

（7）使用默认材质。

（8）着色对象上的线框。

（9）X 射线显示：以半透明方式显示所有阴影对象。

（10）X 射线显示关节。

（11）X 射线显示活动组件。

（12）循环装备显示模式。

（13）背面消隐：有关阴影显示方式的选项。

（14）平滑线框。

（15）硬件纹理。

（16）硬件雾。

（17）景深。

（18）将当前样式应用于所有对象。

3．照明菜单

用于为场景设置灯光，菜单选项如下：

（1）使用默认照明：使用缺省光源，即默认灯光。

（2）使用所有灯光：显示场景中的所有灯光。

（3）使用选定灯光：打开所有选取的灯光。

（4）使用平面照明。

（5）不使用灯光。

（6）双面照明：对象两侧均处于光照下。

（7）阴影：是否显示物体的投影。

4．显示菜单

用于显示或隐藏对象的特定元素，菜单选项如下：

（1）隔离选择：用于限制面板，使其在场景中仅显示所有对象的已隔离子集。

（2）全部：显示对象的所有构成元素。

（3）无：隐藏对象的所有构成元素。

（4）控制器。

（5）NURBS 曲线：显示或隐藏对象上的特定曲线。

（6）NURBS 曲面：显示或隐藏对象上的特定曲面。

（7）NURBS CV。

（8）NURBS 壳线。

（9）多边形。

（10）细分曲面。

（11）平面:显示或隐藏对象上的特定平面。

（12）灯光:显示或隐藏灯光。

（13）摄影机:显示或隐藏摄影机。

（14）图像平面:将在摄影机的远剪裁平面自动创建图像平面。它们与摄影机垂直并设置为其子对象,以便即使在摄影机移动或更改关注点时,图像平面仍会覆盖场景后的整个视图。

（15）关节:显示或隐藏物体的关节点。

（16）IK 控制柄:显示或隐藏物体的 IK 控制柄。

（17）变形器:显示或隐藏物体的变形。

（18）动力学:显示或隐藏物体的动力学。

（19）粒子实例化器。

（20）流体。

（21）毛发系统。

（22）毛囊。

（23）nCloth。

（24）nParticle。

（25）nRigid。

（26）动态约束。

（27）定位器:显示或隐藏定位器。

（28）尺度:显示或隐藏物体的尺度。

（29）枢轴:显示或隐藏枢轴。

（30）控制柄:显示或隐藏操作手柄。

（31）纹理放置:显示或隐藏物体的纹理。

（32）笔划。

（33）运动轨迹。

（34）插件形状。

（35）片段重影。

（36）油性铅笔。

（37）GPU 缓存。

（38）操纵器。

（39）栅格。

（40）HUD。

（41）透底。

（42）选择亮显。

（43）播放预览显示。

5．面板菜单

用于控制面板布局设计,在控制面板里包含多种工具的界面,如材质编辑器、图表、摄影机等,我们可以通过对各种界面在工作区中的布局进行设计来个性化我们的工作环境,提高界面的使用效率,优化工作流程。菜单选项如下:

（1）透视。

（2）立体。

（3）正交。

（4）沿选定对象观看。

（5）面板。

（6）Hypergraph 面板。

（7）布局。

（8）保存的布局。

（9）撕下。

（10）撕下副本。

（11）面板编辑器。

1.1.3　屏幕菜单

在进行设计时,使用屏幕菜单能使我们快捷地执行功能命令。屏幕菜单主要有两种:右键菜单和空格菜单(即标记菜单)。

1．右键菜单

如图 1-18 所示,当我们在工作区中单击右键时,如果有对象处于被选中状态,则会弹出一扩散形菜单,菜单项为可对当前对象做的各种操作;如果没有对象处于被选中状态,则仅出现完成工具和全选菜单项。

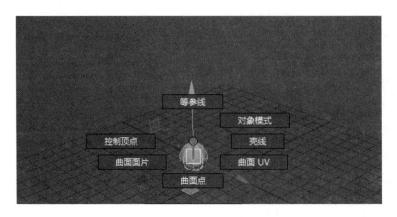

图 1-18　右键菜单

2．空格菜单

按下空格键会在屏幕中出现一浮式菜单，又称为标记菜单，如图 1-19 所示，它里面包括了常用的命令，可以直观地选取之，从而快速执行命令。

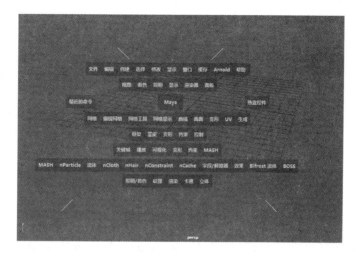

图 1-19　空格菜单

1.2　对 象 管 理

1.2.1　选择物体

1．选择方式

在 Maya 中，可以通过下列几种方式选择物体：

（1）个别地选择物体。

（2）选择场景内的所有物体。

（3）选择某一类型的物体。

（4）选择带有指定名称的物体。

（5）选择组内的所有物体。

（6）选择显示层内的所有物体。

2．选择操作

确保 Maya 处于对象选择模式（按 F8 键）。

从工具箱中拾取选择工具并单击对象，或者在按住 Shift 键的同时单击鼠标或在按住 Shift＋Ctrl 键的同时单击鼠标以选择多个对象。按住 Shift 键并单击鼠标可包括或排除最后一个选择，而按住 Shift＋Ctrl 键并单击会始终添加当前选择。

要从当前选择中移除某个对象,可按住 Ctrl 键后单击该对象。

选择多个对象时,最后选择的对象将以不同于其他选定对象的颜色显示,这称为关键对象。某些工具和操作使用关键对象来确定要对选择进行的操作。例如,在变换多个对象时,变换将使用关键对象的枢轴点。

(1)框选

选择一个物体可通过单击场景中的物体或者单击并拖出一个选取框来选择它。

(2)使用选择遮罩

选择遮罩位于 Maya 界面顶部,如图 1-20 所示,是 Maya 里用来做不同元素的选择用的,例如选择某个类型的物体,或者屏蔽某些类型的物体,这就是 Maya 的遮罩。

图 1-20　选择遮罩

(3)使用大纲视图(Outliner)、超图(Hypergraph)、关系编辑器(Relationship Editor)进行选择

通过"窗口>大纲视图",可以调出大纲视图窗口,如图 1-21 所示,单击物体名称可以选中相应的物体。

通过"窗口>常规编辑器",可以选择"Hypergraph:层次"或"Hypergraph:连接"。

通过"窗口>关系编辑器"可以调出关系编辑器窗口,在编辑器的"编辑"菜单中有"选择亮显对象"命令,如图 1-21 所示。

注意:要在场景中选取散开的几个物体,可按住 Shift 键并单击每个物体,最后选中的物体以一种不同于其他物体的颜色高亮度显示(默认状态下为绿色)。要在大纲视图里选择多个名称没有排列在一起的物体,可按住 Ctrl 键并单击每个名称。

(4)选择所有物体

通过"选择>全部"命令,可以选中场景中的所有物体,并当成一个"虚拟组"来对待,而无需对它们进行真正的成组操作。

(5)取消物体选定

要取消物体选定,单击视图中(物体外)的任意地方即可。

(6)选取某一特定类型的物体

通过"选择>全部按类型"命令,可选取某一特定类型的物体。

(7)使用名称选择物体

可通过输入名称或者名称的一部分来选取物体或节点。在状态栏的数字输入区内,从下拉菜单中选取"按名称选择"命令并输入名称即可。使用通配符(* 或者?),可选择名称中具有相同字符的多个物体。

(8)选择一个组中的所有物体

使用"选择>对象/组件"命令,可以快速地选择一个特定组内的所有物体,而不必打开

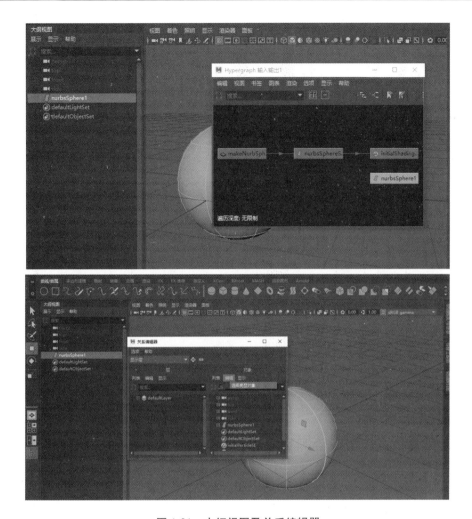

图 1-21　大纲视图及关系编辑器

关系编辑器(Relationship Editor)。

　　为了将一个项目放入到快速选择组中,首先选择这个项目,然后运用"选择>快速选择集"命令。可以把诸如从属图节点、CVs 或者晶格点等项目放入一个组中,这样一旦命名并创建了这个选择集,就可以通过"选择>快速选择集"命令选择它。

　　(9) 选择显示层中的所有物体

　　要选择一个显示层中的所有物体,可在"窗口>常规编辑器>显示层编辑器"中单击左端层的按钮并执行"选择选定层中的对象"命令。

　　(10) 绘图选择工具

　　使用工具栏中的绘图选择工具"📌"可以以绘画的方式选择物体的构成元素,如选择控制点、面片等。

1.2.2　删除物体

使用"编辑>删除"命令可以删除选取的物体或者物体的构成元素。

要删除多个物体或者构成元素,可按住 Shift 键逐个单击选择所要删除的物体,或者用鼠标拖出一个选取框来选中多个物体。

也可以使用键盘上的 Backspace 键或者 Delete 键删除物体。

"按类型删除"命令可以删除特定类型的物体或者特性(例如通道)。如果选择了多个物体,使用"按类型删除>通道"命令仅仅把和所选物体有关的通道删掉。

使用"编辑>按类型删除全部"命令可删除场景内所选同一类型的所有物体和元素(例如关节)。

要想撤销最近一次的删除,可选择"编辑>撤销"命令。

选择"按类型删除>历史"命令,则与所选物体有关的历史节点被删掉。可以删除以下的元素类型:历史、通道(描述物体动画参数如何随时间改变的通道)、静态通道(没有被动画的通道)、运动路径、表达式、约束、声音、刚体等。

1.2.3　复制物体

使用复制选项,Maya 会真正复制场景中的几何体和灯光。

使用实例时,Maya 仅仅重复显示被作为实例的几何体,所选几何体的复制品并不真正存在。实例并不是原始几何体实际的拷贝,与实际的拷贝相比,实例占有更少的系统内存。

1. 复制一个物体

(1) 选择要复制的物体。如果想要复制多个物体,在这些物体上单击拖出一个选取框或按住 Shift 键依次点选物体。

(2) 选择"编辑>复制"命令,复制后的物体位于原物体后面,移动后才能看到它们。

(3) 从常用工具架中选择移动工具,移动操纵器显示在复制物体上。

(4) 用移动工具移动复制物体,Maya 取消对原物体的选择。

2. 设置复制选项

使用复制选项视窗可对所做的拷贝进行移动、缩放和旋转,还可以设置如何创建复制物体。

(1) 选择"编辑>特殊复制",打开"特殊复制选项"(Duplicate Special Options)面板。将"几何体类型"(Geometry Type)设置为"复制"(Copy)。

设置"副本数量"选项以及将应用于每个副本的变换选项。

(2) 设置以下选项并单击"应用"按钮。

平移、旋转、缩放:设定 X、Y、Z 的偏移量,这些参数值用于复制的几何体。当系统复制它们时,可以定位、缩放和旋转这些物体。

复制选项：包括副本数（范围从 1 到 1000）；指定所选择的物体怎样被复制；复制几何体；创建所选物体的一个实例。在创建实例时，Maya 并不创建真正的拷贝，而是重新显示被实例的几何体。

"下方分组"选项：

新建组——选择该项，可以把复制品放在一个新的组节点之下。

智能变换——选择此项，当变换（移动、旋转或缩放）一个物体的复制品的时候，Maya 会对后面连续复制所产生的所有复制品实施相同的变换。

副本数复制选项：

实例叶节点——选择此项后，可以强迫复制所选物体的所有上游节点。上游节点是与选择节点相连的在它之前的所有的节点。

复制输入连接——选择此项后，除了复制选择的节点外，和选择节点连接的节点也被复制。

复制输入图表。

为子节点指定唯一名称。

3．创建物体实例

当创建一个实例时，并不是生成一个所选定几何体的真实复制品，Maya 只是重新把几何体显示出来。一个实例总是与原几何体相同，即使每个实例可以有唯一的转换、缩放和旋转属性。单个的实例可作为一个独立物体来选择。

可以生成原始对象的许多实例，而非复制它们。如果对原对象做了一个修改，所有的实例物体会自动地做相应的改变。实例不是原始几何体的真实复制，所以它们相比真实复制品而言，会占用较少的内存空间。

使用实例物体时的一些限制：实例灯光没有效果；实例物体和原物体共享材质，不能为它单独指定材质；只能对原几何体应用簇和变形，而不能对实例物体应用簇和变形；为实例节点创建新实例时，Maya 不再创建新的层级。

1.2.4　组

在 Maya 中，使用组可以对多个物体同时进行相同的命令操作。创建和使用组的过程非常简单，使用"编辑"菜单中的分组、解组和 LOD 命令可以分别对物体进行成组、解散组、创建空组（使用空物体成组）操作。对物体成组允许把几个对象组合成一个更复杂的对象，这样一来就可以一次性地变换所有的对象，效果上就是把许多对象当作一个对象处理。

1．物体成组

（1）选择要成组的物体。

（2）选择"编辑＞分组"命令，则选择的物体变为一个组。

2．选择一个组

如果在场景中含有多个物体，那么使用 Hypergraph 超图或 Outline 大纲视图可帮助选取一个组,单击任意地方,可取消对物体的选择。

3．解散组

解散组就是把组里的物体重新独立化并删除层级里的相应节点,选择"编辑＞解组"命令,Maya 会把组里的所有物体放入世界层级。

4．创建空组

选择"创建＞空组"命令,即可创建一个没有子物体的新组。

这些空物体是非常有用的,利用它们通过表达式可以控制其他的物体。移动这些不能渲染的空物体可以触发表达式来移动模型的其他部分。换句话说,它们可以作为约束节点。

1.2.5 创建物体层级

1．创建父子关系

在"编辑"菜单中,提供了以下的"父子关系"选项:

(1) 父对象。把物体从一个层级移动到另一个层级并创建实例。

(2) 断开父子关系。把一个具有"父子关系"的层级恢复到原始状态。

(3) 使用父对象。可以在层级之间移动物体并创建实例。

2．操作步骤

在 Outline 大纲视图和 Hypergraph 超图中,可以使用鼠标中键按住物体名称将这个物体拖动到另一个物体上,使它成为另一个物体的"子物体"。

(1) 创建一个父物体:按住 Shift 键并选择一组对象,选择的最后一个对象将成为父对象。

(2) 选择想创建父子关系的物体,先选择子物体,再选择父物体。

(3) 选择"编辑＞父对象",打开父对象选项视窗。

(4) 针对选择的物体选择下列方法:

移动对象——把物体从当前的父物体下移至指定父物体下(最后选择的物体)。

添加实例——在新组节点下面创建一个实例物体,而不是移动物体。

保持位置——选择此项,通过改变父物体的变换矩阵,可保留其世界坐标位置。

3．解除父子关系

要解除一个组中物体之间的父子关系,可从层级中将它除去并把它放置在世界空间中。如果它是一个实例物体,可以删除它。

(1) 选择一个子物体。

(2) 选择"编辑＞断开父子关系",打开断开父子关系对话框。

(3) 选择下列解除父子关系的方式:

父对象到世界——从当前父物体中移出物体并将它放入世界坐标空间中。

移除实例——不移动物体,而是删除实例物体。

保持位置——选择此项,通过改变父物体的变换矩阵,可保持总体的世界坐标位置。

4．取消和重做操作

在场景中，可以取消最后执行的操作，也可以恢复所执行的操作，还可以重复最后的操作。

取消操作：选择"编辑＞撤销"命令。

选择"编辑＞重做"命令，可以再次执行所取消的最后操作。

选择"编辑＞重复"命令，可以再次执行最后选择的菜单命令。只能再次执行 Maya 主菜单中的菜单命令，不能重复执行工具架、通道盒或者二级窗口中的菜单命令。

设定取消操作的次数：选择"窗口＞设置/首选项＞首选项"命令，可在撤销类中设置队列长度选项。队列长度太大会减慢 Maya 的运行速度。

1.3　编辑物体属性

属性是场景中一个物体的特性，在 Maya 中，可通过多种途径设置物体属性——使用属性编辑器、通道盒、属性扩展清单、菜单选项和表达式。通过设置属性，几乎可控制建模和动画中的一切。

1.3.1　通道盒

通道盒提供了物体形变、位移等的变化信息。对于任何对象，通道栏都提供三种属性信息：变换节点（Transform Node）、形状节点（Shape Node）和输入节点（Input Node）。

节点是 Maya 里用来跟踪记录物体信息的地方。节点里包含物体的属性，这些属性是指和该节点的功能相关联的数据信息。例如，某个对象绕 Y 轴旋转的数据就在旋转 Y 属性里。

当你通过移动工具将某对象移动并绕 Y 轴旋转，你是以自己的视觉作为标准。通常情况下，这样的做法很有效。如果你需要精确地控制该物体的属性，可以在通道栏相应的属性框内输入精确的数据来达到效果。

1．打开通道盒

点击 Maya 界面右上角的通道盒显示/隐藏按钮"▨"，如图 1.22 所示，可相应显示或隐藏通道盒。

2．使用通道盒移动或旋转物体

（1）选中某物体，观察通道盒中的变换属性，如图 1-23 所示。注意缩放 Y 和旋转 Y 的值。

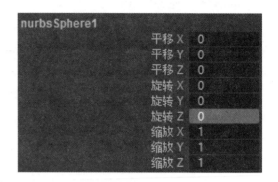

图 1-22　通道盒显示/隐藏按钮　　　　　　　图 1-23　通道盒变换属性

（2）在通道盒中，通过单击相应属性框并输入正确的数值可调整对象的相应属性。这样可将对象精确地定位在 Maya 场景中。

（3）nurbsSphere1 为物体建立时 Maya 默认的名称，你可以双击 nurbsSphere1，输入新名称后按下回车键来重命名物体。例如，将 nurbsSphere1 改成 snowball，如图 1-24 所示。

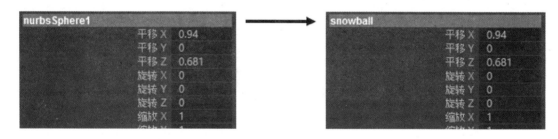

图 1-24　重命名对象

1.3.2　属性编辑器

属性编辑器（Attribute Editor）可用来对对象的各种属性进行编辑。相比通道盒，属性编辑器不仅提供了基本的空间信息和一些关键属性，还提供了针对选中物体更详细全面的属性信息。

1. 打开属性编辑器

（1）选择"窗口＞常规编辑器＞属性编辑器"（Windows＞General Editors＞Attribute Editor）。

（2）点击 Maya 界面右上角的属性编辑器按钮" "，在右侧菜单栏中出现属性编辑器选项，如图 1-25 所示。

属性编辑器界面如图 1-26 所示。

图 1-25　编辑器状态栏

图 1-26　属性编辑器界面

2．属性编辑器标签栏

属性编辑器标签栏如图 1-27 所示。标签栏中包含以下节点：

（1）变换节点（Transform Node）（具体显示为所选对象名称，图中此处显示为 snowball）：该节点最重要的功能是控制对象的位移和形状变换。任何对象都具有 Transform Node，包括镜头和光源。

（2）形状节点（Shape Node）（同理，图中此处具体显示为 snowballShape）：该节点在物体首次建立时就建立起物体的几何形状和物理性质，大部分对象都有形状节点。

（3）输入节点（Input Node）（图中显示为 makeNurbSphere1）：该节点包含对象建立过程的历史记录等信息。

最后两个节点为 initialShadingGroup 和 lambert1，如果没有显示，点击最右侧的箭头即可显示。这两个节点是与对象阴影材质相关的默认节点。Maya 用它们来保存物体的初始颜色等和体现物体阴影效果的相关属性值。如果你改变了相关阴影材质属性，则新的值会覆盖初始值。

图 1-27　属性编辑器标签栏

1.4 同 步 测 试

1. 切换视图操作中,四视图之间的切换可通过以下哪个键操作?( )

   A. Shift+鼠标中键

   B. 空格键

   C. Shift+空格键

   D. Alt+Shift 组合键

2. 创建对象时如何改变细分数以改变物体形状?( )

   A. 通过"输入"窗口,直接输入数值

   B. 通过"通道"窗口,直接输入数值

   C. 重新创建需要的物体

   D. 通过浮动菜单对创建对象的线面元素进行直接操作

3. 常用的编辑功能中,以下哪项快捷键可进行特殊复制?( )

   A. 组合键 Ctrl+D

   B. 组合键 Ctrl+Shift+D

   C. 组合键 Ctrl+C

   D. 组合键 Ctrl+Shift+C

4. 在 Maya 的显示与管理中,哪个数字键可以切换到着色模式?( )

   A. 3

   B. 4

   C. 5

   D. 6

5. (多选)以下对视图进行的操作,哪些是正确的?( )

   A. 通过鼠标滚轮可对视图进行缩放

   B. 旋转视图可通过 Alt+鼠标右键操作

   C. 移动视图可通过 Alt+鼠标中键操作

   D. Alt+鼠标右键可对视图进行缩放操作

第2章　Maya 曲面基本体

2.1　曲面基本体

2.1.1　创建基本几何体

在"创建"菜单中选择"NURBS 基本体"，则在右侧会出现基本几何体的下拉列表，选择需要的几何体即可。例如，选择"创建＞NURBS 基本体＞球体"，可以在工作区创建一个球体。

1. 球体(Sphere)

用户可以创建一个球体作为创建其他圆形物体的起始对象，如眼球、行星和人头部的起点。选项如下：

枢轴：默认状态下，每个对象都有一个枢轴点，基本几何体的中心就是其枢轴点。基本几何体的旋转枢轴和缩放枢轴也位于原点。

轴：选择 X、Y、Z 以指定物体的预设轴方向。

开始和结束扫描角度：这些选项可以帮助用户创建一个有指定旋转角度的部分球体。角度范围从 0°到 360°。

半径：设置球的半径。

曲面次数：线性曲面具有棱面外观，一个三次曲线曲面是圆形的，如图 2-1、图 2-2 所示。

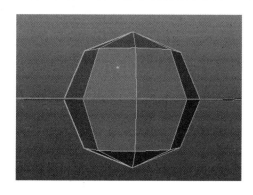

图 2-1　线性曲面

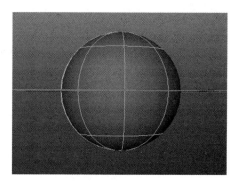

图 2-2　三次曲线曲面

纵向截面数:设置球体上某一方向的曲面曲线的数目。曲面曲线也称为等位结构线,用于显示球体曲面的外形,球体的纵向截面数越多,就越能精确地显示球体。

横向跨度数:设置与球体纵向截面垂直方向上的曲面曲线的数目。使用一个小于 4 的值将得到一个粗糙的球体。如图 2-3 所示。

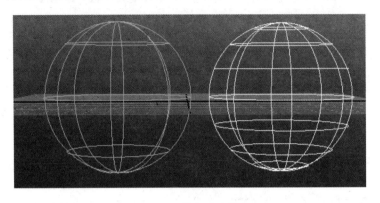

图 2-3　横向跨度数

2．立方体(Cube)

一个立方体有 6 个独立的面。你可以在视图中直接选择面,也可以在缩略图中选择。例如,选择缩略图中的 leftnurbsCube1,也就是选择了立方体的一个面。要选择整个立方体,可以框选立方体,然后按键盘上的上移键。

3．圆柱体(Cylinder)

可以创建一个有盖或无盖的圆柱体。使用一个独立的选项,用户可以让圆柱保留一个或两个盖,也可以不保留。还可以把盖设置为单独的变换节点,以便对其进行独立的操作。

4．圆锥体(Cone)

可以创建一个带盖或者是不带盖的圆锥体,可设置的选项与其他 NURBS 基本几何体的选项相似。

5．平面(Plane)

平面是由一定数量的面片构成的平坦曲面,可设置的选项与其他 NURBS 基本几何体的选项相似。

6．圆环(Torus)

圆环是一个三维环,其选项与其他 NURBS 几何体的选项相似。

7．正方形(Square)

正方形是 4 条曲线的组合体,而不是一个曲面。正方形在许多建模操作中都是非常有用的。例如,修剪建筑物的窗口。其选项与其他 NURBS 几何体的选项基本相似。

2.1.2　编辑基本几何体

用户可以通过改变属性参数值,或者对整个物体或物体的元素进行变形操作来修改基本几何体。操作步骤如下：

（1）选择物体。

（2）显示通道框。

（3）在通道框输入部分单击标题。

（4）编辑通道框中的选项，如图 2-4 所示。

图 2-4　通道框

2.2　曲面旋转造型

　　旋转造型，顾名思义，就是通过曲线绕轴旋转构造一个曲面。为了实现旋转造型，我们要在 Maya 中将视图切换到三视图界面。如图 2-5 所示，通过使用 EP 工具构造一条曲线，绘制出酒杯轮廓的一半，可以进一步通过曲线点或者控制顶点工具对曲线进行修改和调整；之后，选中曲线，点击工具栏中的"曲面"选项，点击"旋转"，即可生成酒杯的旋转造型。有时生成后外曲面颜色为黑色，点击"曲面"选项中最后一栏"反转方向"，即可使内、外曲面翻转。效果如图 2-6 所示。

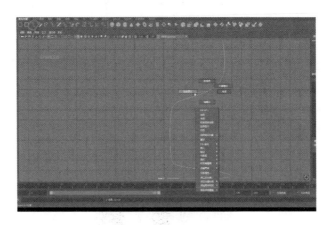

图 2-5　构造曲线轮廓

图 2-6　曲面旋转造型示意图

需要注意的是,有时构造的曲面不是闭合的,为了使曲面闭合,需要在构造曲线的时候使曲线的一端与旋转轴连接,在绘制时按住 X 键即可使曲线端点严格落在旋转轴上,如图 2-7 所示。

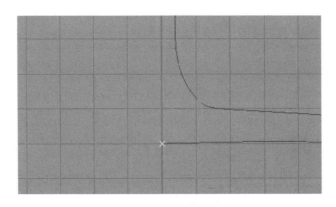

图 2-7　曲线端点落在旋转轴上

拖动旋转造型与曲线分离,使两者相互独立,这时,如果我们对曲线进行调整,曲面的形状也会同步改变,这是因为在 Maya 中,曲线是旋转造型的构建历史,改变曲线也会相应地改变曲面。如图 2-8 所示。

图 2-8　曲线与曲面同步

为了使曲面的形状不会因为曲线的修改而改变,有两种方法可以使用:一种是创建一个新图层,将曲线纳入到图层中,并隐藏该图层,使曲线从视图中隐藏起来,这样后期修改也比较方便。另一种方法是删除旋转造型的构建历史,即切断曲面与曲线的关联,也可以达到目的,但是一般不推荐这种方法,因为这会导致后期对旋转造型的修改比较麻烦。

2.3　曲面放样造型

曲面放样造型是绘制一系列的闭合曲线,把这些闭合曲线作为曲面造型的剖面轮廓,按住 Shift 键依次选中这些闭合曲线,点击"曲面"选项中的"放样"按钮,依次连接曲线来构造曲面造型。如图 2-9 所示。

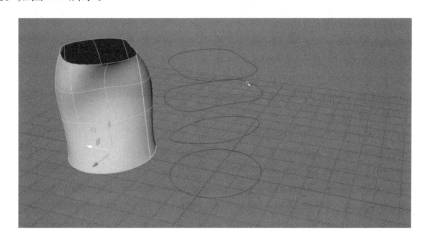

图 2-9　曲面放样造型

这里有个小技巧:创建一条闭合曲线,将其缩放,使其尺度为零,这样在曲面放样造型时,曲面就会形成一个闭合的顶点,如图 2-10、图 2-11 所示。

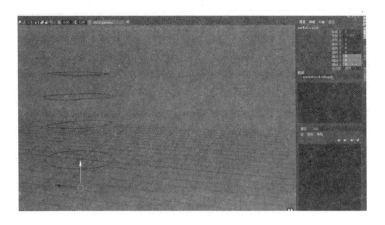

图 2-10　缩放闭合曲线

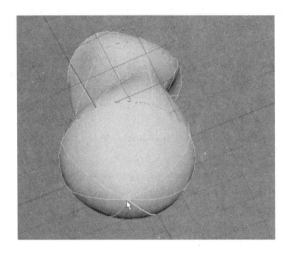

图 2-11　曲面放样造型闭合顶点

2.4　放样造型案例：小鸭

　　下面通过放样造型实例，进一步体会 Maya 曲面放样造型的原理。这个例子是制作一个鸭子造型。

　　首先用曲线工具画出鸭子的侧面轮廓，然后用曲线圆工具画出鸭子内部的剖面，如图 2-12 所示。

　　进入前视图界面，复制一些剖面单元到轮廓内部，并使各个剖面单元尽量与轮廓线连接。另外，鸭子的嘴部和尾部应当是封闭的，所以要将嘴部和尾部的剖面单元缩放为 0。如图 2-13 所示。

　　在大纲视图中依次选择各个剖面单元，执行"曲面＞放样"命令，如图 2-14 所示。

图 2-12　勾勒鸭子轮廓和剖面

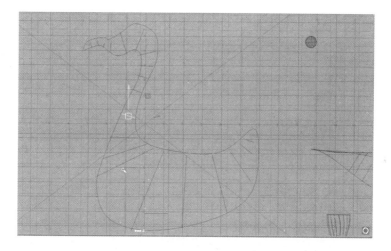

图 2-13　前视图中对剖面单元的操作

图 2-14　选择剖面单元执行放样

得到的放样造型如图 2-15 所示。

图 2-15　鸭子身体放样造型

下面同样用放样的方法制作鸭子的腿部。如图 2-16 所示，类似于身体的制作，首先利用曲线工具制作鸭子腿部的剖面单元，执行放样操作得到鸭腿的放样造型。

图 2-16　鸭腿剖面单元

利用复制和拖动操作，可以得到另一条鸭腿，如图 2-17 所示。

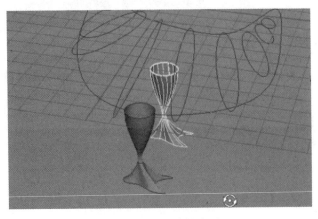

图 2-17　鸭腿放样造型

2.5　同步测试

1. 旋转造型使用哪个命令？（　　　）

　　A. 旋转

　　B. 放样

　　C. 倒角

　　D. 边界

2. （多选）关于曲线的操作，下列哪几项叙述是正确的？（　　　）

　　A. 将圆形曲线的次数改为线性，能够得到一条线段

　　B. 在圆形曲线中，分段数越高，曲线的轮廓越光滑

　　C. 方形曲线的每条边相互独立

　　D. 方形曲线的每条边不相互独立

3. （多选）下列关于旋转的操作中，正确的选项是（　　　）。

　　A. 在"曲面"菜单中，选择"旋转"，可以进行旋转操作

　　B. 在"曲面"菜单中，选择"反转方向"，可以反转物体内外

　　C. 在"曲线"菜单中，选择"反转方向"，可以反转物体内外

　　D. 在"曲面"菜单中，选择"倒角"，可以反转曲面旋转方向

第3章 曲面建模

3.1 曲面挤出造型

挤出造型比较适合于制作管状物体。Maya 在曲面模块以及多面体模块中都有挤出造型，我们先了解一下曲面模块中的挤出造型。

首先我们创建一个要用于挤出造型的轮廓，如图 3-1 所示，然后进入前视图或者侧视图，绘制一条曲线用作挤出造型的轨道线。

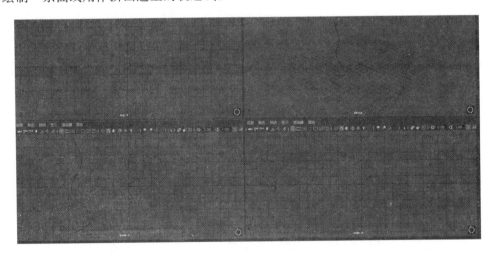

图 3-1　挤出造型的轨道线

现在我们回到侧视图，可以看到一条轮廓线和一条轨道线，如图 3-2 所示，按住 Shift 键同时选中二者，然后执行"曲面＞挤出"命令，我们就可以看到轮廓沿着轨道挤出，最后得到一个管状造型。需要注意的是，挤出造型有多种参数组合，不同的参数组合下会产生不一样的效果。

初步得到的管状造型质量并不会很高，前面挤出得到的管状物粗细并不均匀，而且表面也不光滑，这是由于做挤出的轨道线分辨率偏低，进入到编辑点或者曲线点模式，我们会发现刚才绘制出来的轨道曲线只有 6 个曲线点，如图 3-3 所示。这样就导致了分辨率偏低，直接影响到基于它所构建出来的造型的光滑度。

这里我们可以选择"曲线"菜单下的"重建"，点击后面的选项框，把跨度数提高，然后下

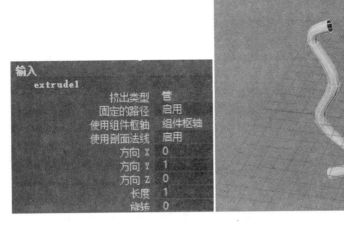

图 3-2　挤出管道造型

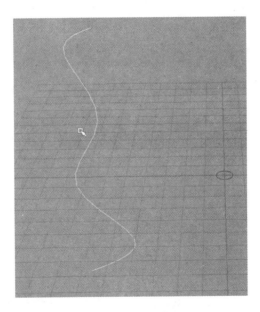

图 3-3　曲线点

边我们会看到曲线的次数：1次、2次、3次、5次、7次，曲线的次数越高，它的精度、平滑度就越好。一般来说，制作工业器械的造型，7次或者5次基本上可以满足，但曲线次数越高，基于它制作出来的造型对系统的消耗也会越大。如图3-4所示，我们提高曲线的跨度，然后点击"重建"。

　　虽然曲线在重建之后，看起来跟刚才好像没有什么区别，但是进入到编辑点模式，我们就可以看到曲线点有了明显的增加，如图3-5所示。之后再执行刚才的挤出造型，可以发现挤出的管道造型粗细比较均匀，且表面也比较光滑流畅，如图3-6所示。

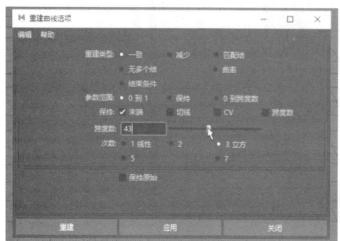

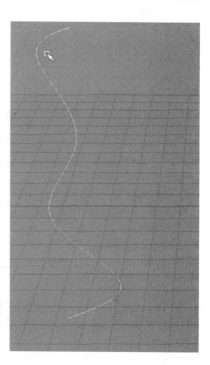

图 3-4　重建曲线选项

图 3-5　重建后的曲线点

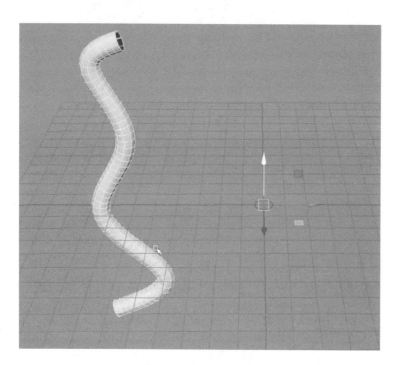

图 3-6　基于重建曲线挤出的管道造型

3.2　曲面双轨造型

　　双轨造型的特征是利用两条轨道线以及一条乃至多条轮廓线来造型，它的构成方式比放样和挤出更加灵活多样。

　　为了实现双轨造型，我们首先需要绘制两条轨道线，以方便绘制轮廓线，然后切换到四视图，如图 3-7 所示。

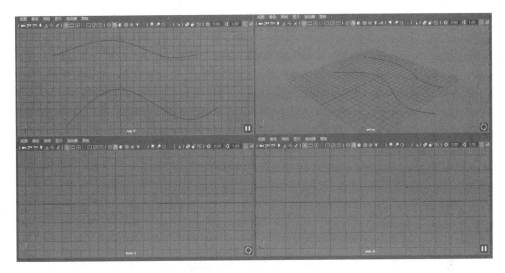

图 3-7　绘制两条轨道线

　　双轨造型有一个非常基础的要求，就是剖面线的起点和终点要分别落在两条轨道线上。为了实现这个要求，我们可以先按下工具栏的"捕捉到曲线"这个选项，然后再来绘制新的曲线。我们也可以利用快捷键 C 来实现曲线捕捉绘制。进入曲线绘制模式，按住 C 键，这时要绘制的曲线的起点始终在一条轨道线上，然后我们可以开始绘制剖面线，绘制完成之后同样按住 C 键把这条曲线的终点落到另一条轨道线上。现在我们可以看到刚才绘制的剖面线，它的起点和终点就分别落在了两条轨道线上，如图 3-8 所示。

　　在绘制好剖面线之后，还可以对剖面线进行顶点编辑，使它符合我们的要求。但要注意编辑的时候不要改变剖面线的起点和终点。然后执行"曲面＞双轨成型"，首先选中剖面线，再依次选中两条轨道线，就可以产生双轨成型的造型，如图 3-9 所示。

　　还可以添加更多的剖面线来更加个性化地控制造型的轮廓。接着绘制新的剖面线，回到透视图，对刚才绘制得到的剖面线进行形态调整，如图 3-10 所示。

　　那么现在我们有两条轨道线和两条剖面线可以用于双轨成型了。先选择两条剖面线，再选择两条轨道线，执行双轨成型，我们会发现在剖面线增加之后，产生的曲面造型可以更加的个性化，如图 3-11 所示。

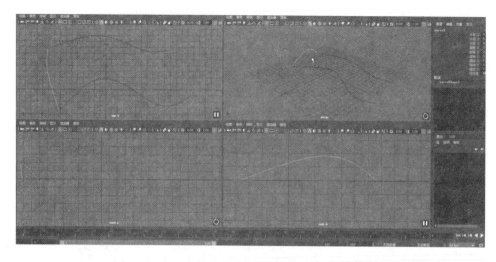

图 3-8　绘制剖面线

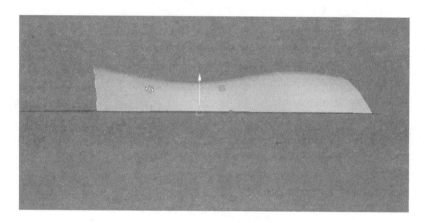

图 3-9　双轨造型

图 3-10　第二条剖面线

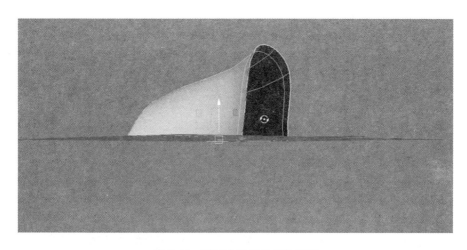

图 3-11 更加个性化的双轨造型

我们还可以继续添加新的剖面线,如图 3-12 所示。

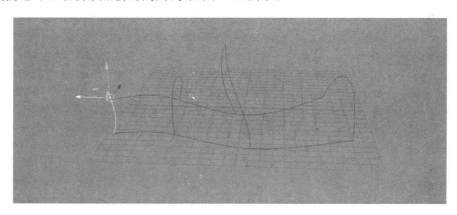

图 3-12 更多的剖面线

执行双轨成型命令之前,我们要用光标选中多条剖面线。这里为了区分剖面线和轨道线,我们在选择完所有的剖面线之后,需要按下回车键,然后再选择轨道线。新的造型如图 3-13 所示。

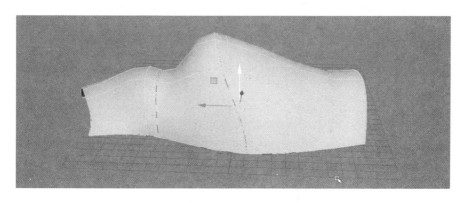

图 3-13 多剖面线的双轨造型

3.3   利用曲面建模制作老式手机

首先在顶视图下使用 EPcurve 绘制半个手机正面的轮廓,绘制完成后可以在点模式下对该曲线进行微调,然后选中曲线,使用快捷键 Ctrl＋D 复制该曲线,将被复制曲线的 X 轴缩放倍数改为－1,使它和原曲线关于 X 轴对称。选中这两条曲线进行缩放调整,使手机的轮廓符合自己的要求。如图 3-14、图 3-15、图 3-16 所示。

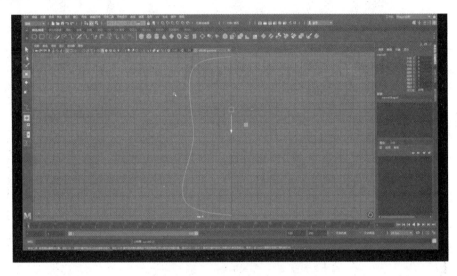

图 3-14   绘制一半的手机轮廓

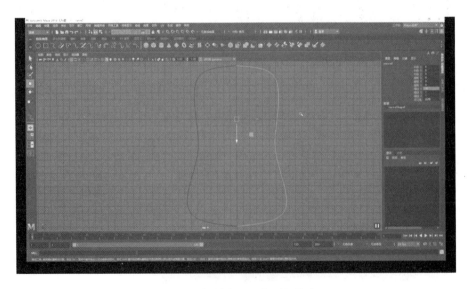

图 3-15   复制出另一半手机轮廓

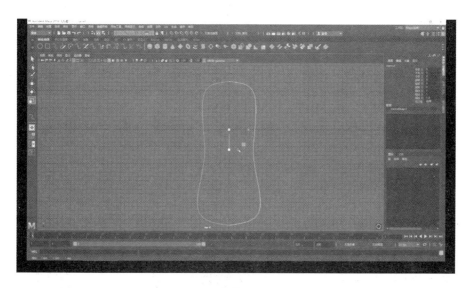

图 3-16 调整手机的形状

下一步需要将这两条曲线合并成一个轮廓线。首先选中这两条曲线,然后执行"曲线>附加"命令,这一步执行完可能会出现曲线混乱的结果,这种情况是一条曲线方向反了造成的,可以对其中一条曲线执行"曲线>反转方向"命令,使两条曲线方向一致。然后隐藏原来的两条曲线,保留合并后的曲线继续进行制作。如图 3-17、图 3-18、图 3-19 所示。

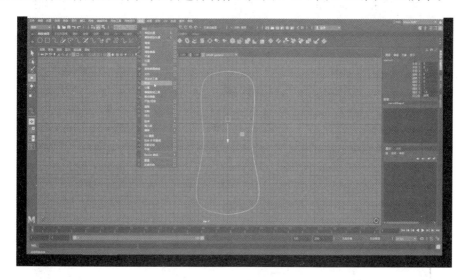

图 3-17 合并轮廓线

将手机轮廓复制两个,然后上下平移,使三条曲线分别处在合适的位置,对曲线进行缩放,使放样造型时可以有一些变化。使用 EPcurve 绘制手机侧面上、下边缘的形态。然后将这两条曲线同样复制两次,平移放置在合适的位置。如图 3-20、图 3-21、图 3-22 所示。

如图 3-23 所示,依次选中三条手机的轮廓线,执行"曲线>放样"命令,将三条曲线放样成手机外围面。

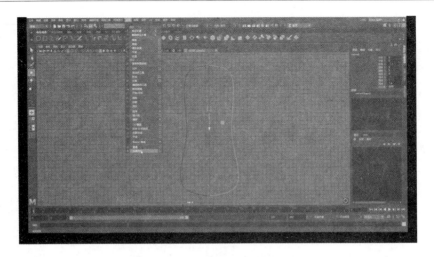

图 3-18　反转曲线到正确的方向

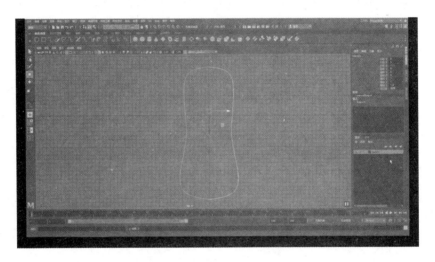

图 3-19　建立图层隐藏最初的两条曲线

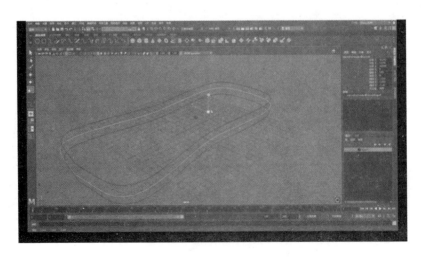

图 3-20　复制手机轮廓线进行调整

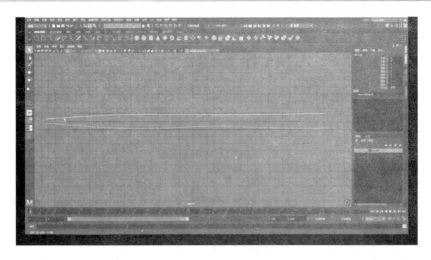

图 3-21　绘制手机侧面形状

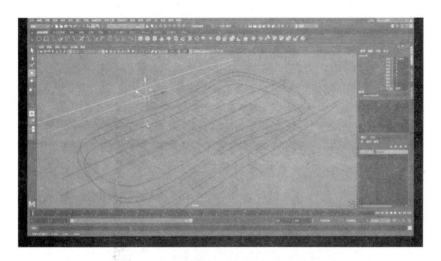

图 3-22　复制绘制好的曲线并放置在合适位置

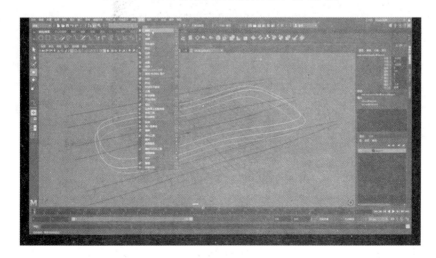

图 3-23　选中三条轮廓线进行放样

如图 3-24 所示,依次选中上表面的三条曲线,执行"曲线＞放样"命令,形成手机的上表面。手机的下表面也用同样的操作。

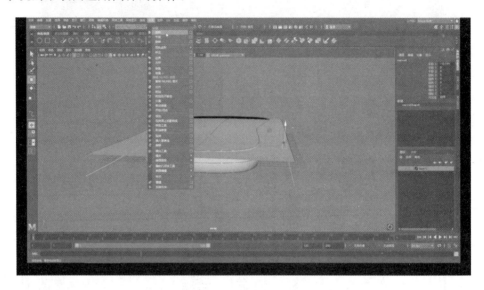

图 3-24　选中曲线进行放样生成手机上、下表面

将手机侧面与上表面同时选中,执行"曲面＞相交"命令。然后对上表面执行"曲面＞修剪工具"命令,此时上表面变为白色虚线的形式,选中需要保留的部分,就可以将多余的部分修剪掉。同样可以对下表面和手机侧面进行修剪。如图 3-25、图 3-26、图 3-27 所示。

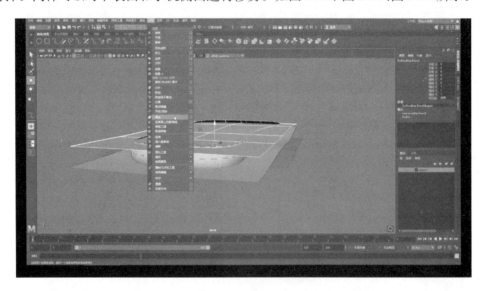

图 3-25　使用相交和修剪工具对多余表面进行裁剪 1

接下来制作手机屏幕。如图 3-28 所示,首先创建一个曲线圆,然后调整到合适的大小。手机的屏幕一般是圆角矩形,因此右击进入控制点模式对圆进行编辑,如图 3-29 所示,选中四个顶点,采用缩放工具进行缩小,就可以将圆变成圆角矩形。

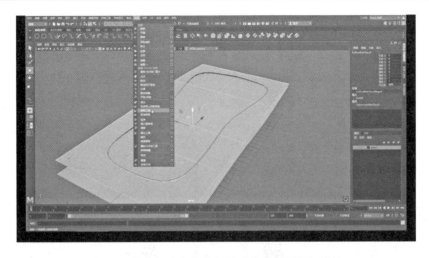

图 3-26　使用相交和修剪工具对多余表面进行裁剪 2

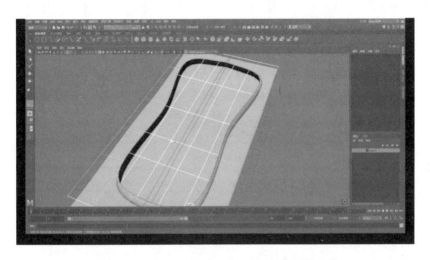

图 3-27　使用相交和修剪工具对多余表面进行裁剪 3

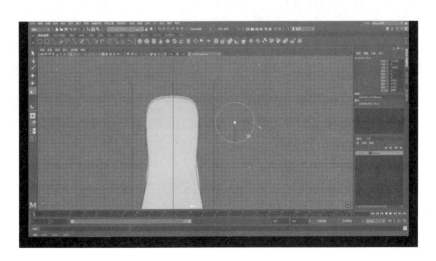

图 3-28　调整手机的形状

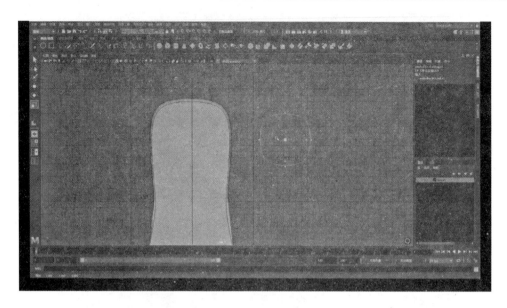

图 3-29   在控制点模式下对圆形进行调整

在四视图下对圆角矩形的位置进行调整,放在合适的位置。选中圆角矩形和手机上表面,执行"曲面>在曲面上投影曲线"命令,然后单独选中手机上表面,执行修剪操作,将屏幕挖空。如图 3-30、图 3-31、图 3-32 所示。

图 3-30   在四视图下将圆角矩形放在合适的位置

将圆角矩形曲线复制一次,向下平移,选中上、下两条曲线,进行放样。最后选中上方的曲线,执行平面操作,这样手机屏幕就制作好了。如图 3-33、图 3-34、图 3-35 所示。

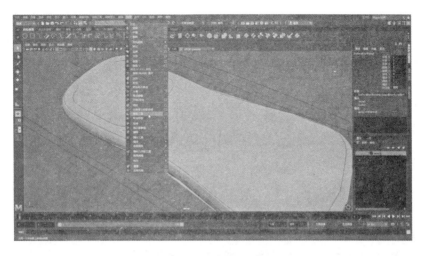

图 3-31　投影曲线并修剪

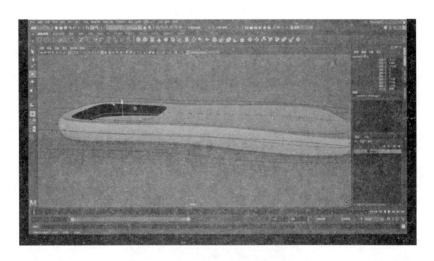

图 3-32　复制并平移屏幕的轮廓曲线

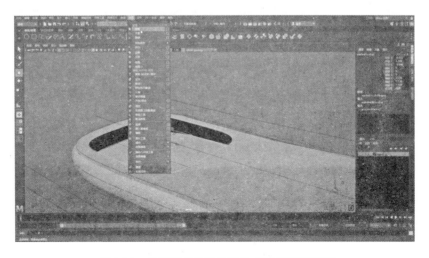

图 3-33　使用两条曲线放样生成手机屏幕侧面

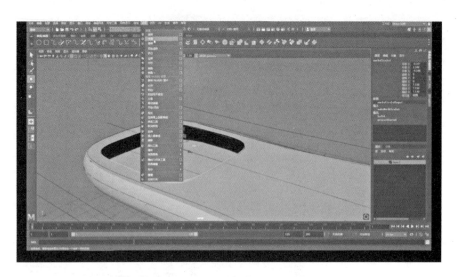

图 3-34　通过曲线使用平面操作生成手机屏幕上表面

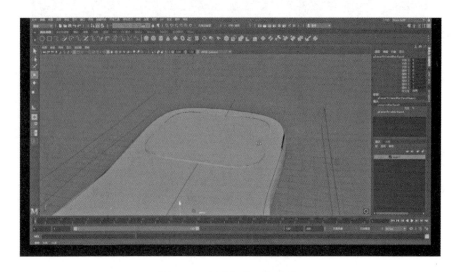

图 3-35　制作好的手机屏幕

3.4　曲面头部建模方法

3.4.1　绘制头部轮廓线

（1）在侧视图下描绘出头部的侧面轮廓线。

（2）复制该轮廓线，并根据不同的位置做适当的调整。

（3）重复复制和调整轮廓线，直到完成头部的一半。

（4）放样，然后复制出另外一半。

如图3-36、图3-37所示。

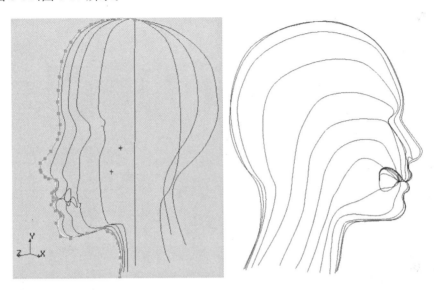

图 3-36 头部轮廓线和放样

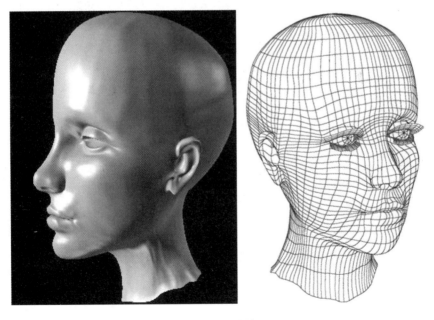

图 3-37 最终效果

3.4.2 头部轮廓缝合

（1）导入正面、侧面参考图。

（2）描绘眼睛、嘴巴、鼻子部位的轮廓线系列。

（3）根据参考图上的色彩分块，对面部依次用曲线进行描绘。

（4）放样得到眼睛、嘴巴、鼻子。

（5）其他部位使用边界成型得到，最后全局缝合。

如图 3-38、图 3-39、图 3-40 所示。

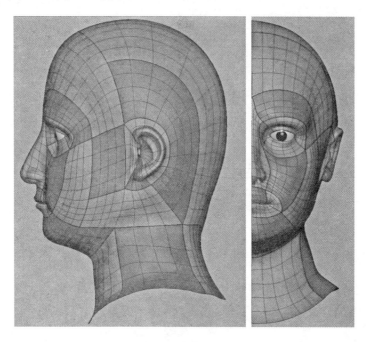

图 3-38　参考图

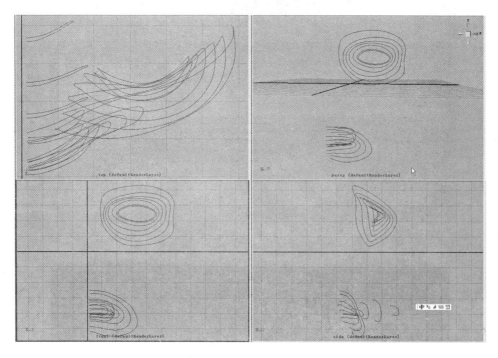

图 3-39　描绘轮廓线

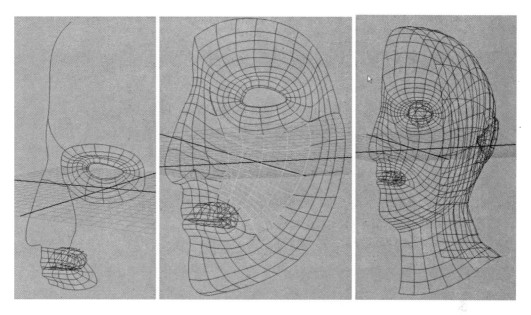

图 3-40　放样和边界成型及缝合的结果

3.5　同　步　测　试

1. Maya 曲面建模中如何用一条 CV 曲线创建圆柱或管状造型？（　　　）

    A. 复制曲线，执行"曲面＞放样"命令

    B. 复制曲线，执行"曲面＞挤出"命令

    C. 绘制 NURBS 圆环，执行"曲面＞挤出"命令

    D. 绘制曲线，执行"曲面＞旋转"命令

2. Maya 曲面建模中，关于双轨造型命令以下哪个说法是正确的？（　　　）

    A. "双轨造型 1"需要 1 条轨道线、1 条剖面线

    B. "双轨造型 2"需要 2 条轨道线、2 条剖面线

    C. "双轨造型 1"需要 1 条轨道线、2 条剖面线

    D. "双轨造型 2"需要 2 条轨道线、1 条剖面线

3. Maya 曲面建模中，如何实现曲面交叉？（　　　）

    A. 选中两个面，执行"曲面＞附加"命令

    B. 选中两个面，执行"曲面＞相交"命令

    C. 选中两个面，执行"曲面＞挤出"命令

    D. 选中两个面，执行"曲线＞附加"命令

4. (多选)Maya 曲面建模中,用 CV 曲线挤出造型时,以下哪些操作是正确的?（　　）

    A. 绘制曲线作为造型轨道线,需要绘制曲线作为轮廓线

    B. 执行挤出命令前,先选轨道线,再加选轮廓线

    C. 通过修改属性栏"输入"命令栏下的参数,精细化造型

    D. 通过"曲线＞重建",提高轨道线跨度数,精细化造型

5. (多选)Maya 曲面建模中,执行双轨造型命令时,以下哪些操作是正确的?（　　）

    A. 绘制剖面线时,剖面线的起点和终点要分别落在轨道线上

    B. 执行命令时,先选轨道线,再选剖面线

    C. 选择剖面线、轨道线时可以任意顺序加选

    D. 可以通过回车键区分剖面线和轨道线

第4章　多边形、变形、Paint Effects 建模

4.1　多边形建模

4.1.1　多边形建模原理

多边形建模易于上手,UV 贴图坐标易于解决,加之可以转为细分建模,是初学者的最佳选择。

一个多边形,包含了三种元素,即点、线(也称为边)、面,点与点之间的连接形成了线,而线与线之间形成了面,所以多边形之中最小的元素为点,次之为线,再次为面。面与面之间有规律的衔接形成模型。多边形,顾名思义,即允许 n 边的存在,最小边数为3,即三边形,也就是三角形面。多边形只包含了三种元素,所以多边形建模命令也就是围绕这三种元素进行操作的。使用"创建>多边形基本体"下的系列命令可以建立所需的多面体。

在默认情况下,在不同的选择模式下,元素显示出不同的颜色和尺寸。表4-1列出了多面体元素的默认显示。

表 4-1　多面体元素的默认显示

元　素	元素非启动时的显示(未选中)	元素启动时的显示(选中)
顶点(Vertex)	小的紫色方体	黄色方体
边(Edge)	亮蓝色的线	橘黄色的线
面(Face)	中心带有蓝色点的闭合区域	橘黄色的区域
纹理编辑点(UV)	中等尺寸的紫色方体	绿色的方体

4.1.2　多面体几何体的点、线、面编辑

1. 挤出多面体

编辑网格>挤出,针对挤出选项盒做挤出相关设定,可先在工作区多边形物体上右键菜单进入顶点、边、面模式选择一个顶点或一条边或一个面,单独执行挤出命令。

编辑网格>挤压点,挤出多面体选取的顶点。如图 4-1 所示。

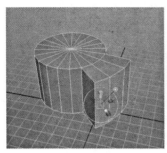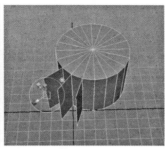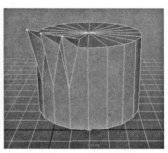

图 4-1　挤压功能演示(从左到右依次为挤出面、挤出边、挤出点)

2. 倒角

编辑网格>倒角,针对选取的边缘做倒角设定。

3. 面剪切

网格工具>多切割,针对所选取的面做切割,切割后的面仍属于同一多面体对象,针对操纵器做操作。

编辑网格>挤出,类似于挤出的设定,但必须选择一个面做挤出,再加选一个边做转折。参数可以设定挤出细分程度与转折角度。

4. 合并顶点

编辑网格>合并,合并顶点,参数必须设定在 0 以上才有合并顶点距离效果。要求合并的必须是同一对象的顶点。

5. 合并边

编辑网格>合并,参数必须设定在 0 以上才有合并边距离的效果。要求必须是同一对象的边缘。

6. 翻转边

编辑网格>翻转,针对选取的边或转角面的边做翻转。

7. 减少

编辑网格>减少,将所选的边或面塌陷为一个顶点。

8. 复制面

编辑网格>复制,针对选取的面做复制得到另一个模型对象,参数盒可设定选项。

9. 分离

编辑网格>分离,针对选取的多面体面做分离抽出成另一个模型对象,参数盒可设定选项。

10. 挖孔

网格工具>生成洞,制作网孔。必须选择 2 个面。

11. 填充洞

网络>填充洞,针对破洞的端边形面做修补。选取破洞其中一条边缘即可修补对其进行填充。

12．雕塑多面体

变形>雕刻,可雕塑多面体。

13．剪贴板操作

网格>剪贴板:通过子菜单清除剪贴板选项,用户可以对剪贴板进行清空;复制属性选项可以让用户将多面体网孔的 UV、着色以及顶点颜色等信息拷贝到剪贴板,然后可以将拷贝的属性通过粘贴属性选项应用于另外的网孔。

4.2　多边形建模案例:飞船

下面我们给出一个实际案例,通过制作一个飞船模型,体会多边形建模的思路和操作。

飞船的建模主要运用面挤出工具,这也是多边形建模最常用的构型方法。

使用创建>多边形几何体 >立方体工具,创建一个六面体,选择六面体相对的两个面,使用编辑网格>挤出工具向外拉伸两次,如图 4-2 所示。

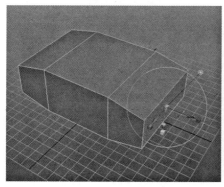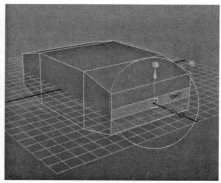

图 4-2　对六面体执行两次编辑网格>挤出

如图 4-3 所示,对飞船顶部使用编辑网格>挤出命令。首先将选中的面往上拉,然后对其进行移动(点击编辑网格>挤出命令上的箭头)和缩放(点击编辑网格>挤出命令上的方块)。效果如图 4-4 所示。

选中飞船前部的两个面,如图 4-5 所示,使用编辑网格>挤出命令,先向内挤压,然后向飞船内部挤压。

选中飞船后部的一个面,如图 4-6 所示,使用编辑网格>挤出命令,先向内挤压,然后向飞船内部挤压。

选择飞船前部的面,使用两次编辑网格>挤出命令,第一次将此面往外拉伸一定距离;然后再使用一次编辑网格>挤出命令,先将其往外拉伸,然后将头部缩小。效果如图 4-7 所示。

最后选择整个飞船,使用平滑命令(位于右侧建模工具包>平滑下面)得到最终结果,效果如图 4-8 所示。

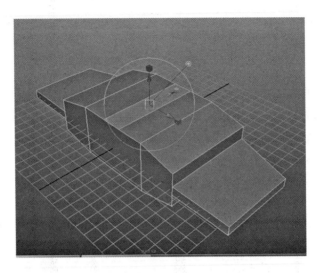

图 4-3　编辑网格＞挤出

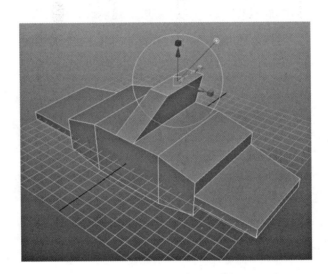

图 4-4　对飞船的上部执行编辑网格＞挤出

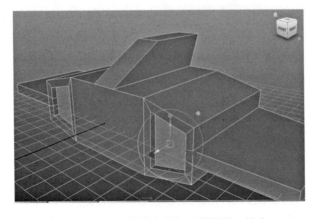

图 4-5　对飞船的前部执行编辑网格＞挤出

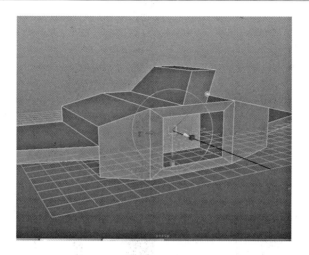

图 4-6　对飞船的后部执行编辑网格＞挤出

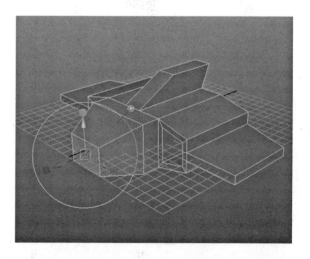

图 4-7　对飞船的头部执行编辑网格＞挤出

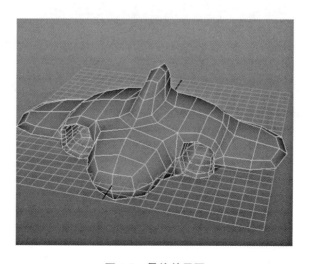

图 4-8　最终效果图

4.3 多边形建模拓展:使用 ZBrush 建立人体模型

Maya 自身的建模功能已经非常强大,在此基础上,它还可以联合使用其他的一些强大的建模工具,从而极大地提高其建模速度。

除了 Maya、Softimage、3DS MAX、Modo、Cinema4D 等综合类的 3D 动画软件包之外,目前比较流行的建模软件还有 ZBrush、Mudbox、Rhino 等。其中 ZBrush 和 Mudbox 以多面体建模为主,而 Rhino 则以曲线建模(参考 Maya 中的 NURBS)为主攻方向。ZBrush 是一款多面体建模工具,支持多细分级别的模型编辑,在较低细分级别的模型上进行的修改,会如实反映到较高细分级别的模型上去,反之亦然。

这里简单介绍一下 Maya 结合 ZBrush 的建模。

1. 界面介绍

ZBrush 中的界面是可以自由定义的,这里仅列出标准界面的分布,如图 4-9 所示。

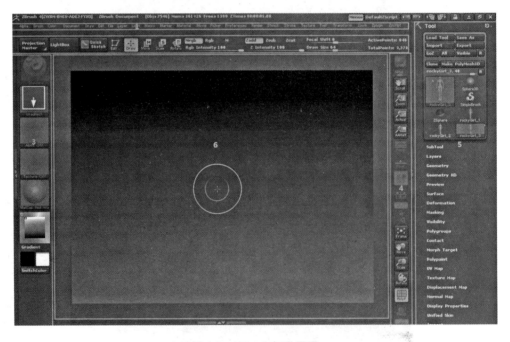

图 4-9　ZBrush 标准界面

2. 轮廓概括

当人们观察一个物体的时候,观察的细节依次是轮廓、结构组成、表面细节,所以一个合理布线的粗糙模型对后续的细分刻画至关重要。对此 ZBrush 提供了一个强大的工具——模型构建方式,类似于骨骼关节,它能够转化为不同细分程度的多面体模型。

运用模型构建方式,我们能够以物体骨骼为基础,建立一个初级的模型骨架。首先选择工具＞模型构建方式,在文档窗口拖拉出一个模型构建方式,然后按键盘上的 T 键进入编辑模式,可对已有的模型构建方式进行移动(快捷键为 W)、缩放(快捷键为 E)、旋转(快捷键为 R)及创建(快捷键为 Q)操作。期间建议打开对称操作选项(转换＞激活对称),确保在初期建模的时候两边对称。最终得到的初级模型骨架如图 4-10 所示。

图 4-10　初级的模型骨架

按 A 键,查看转化过来的细分度较低的模型,如图 4-11 所示(注:ZBrush 4.0 之后的版本若想达到图示的效果,需要打开"工具＞自适应皮肤＞使用分类皮肤",并调节下面的参数来控制细分度及光滑程度)。一般情况下,我们先用一个低细分级别的模型概括出大体轮廓,所以建议不要将细分度调得太高。

图 4-11　细分度较低的模型

调节过程中通过移动(快捷键为 W)、缩放(快捷键为 E)、旋转(快捷键为 R)等工具调整模型,有可能还要根据需要增加若干模型构建方式。期间不断地切换到自适应皮肤模式下(快捷键为 A)观察模型。最后我们得到如图 4-12 所示的模型。

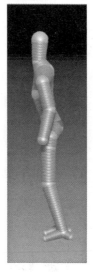

图 4-12　调整模型

3．合理布线

现在模型还没有手指和脚趾，而在 ZBrush 中进行挤出操作并不方便，所以这里我们将其导出到 Maya 中进行修改，同时调整一下布线（导出模型为 obj 格式，工具＞导出）。调整结束后导出为 obj 格式，再导入到 ZBrush 中（工具＞输入）。

导入到 ZBrush 中的模型如图 4-13 所示（注：可以在 ZBrush 中查看模型布线，快捷键为 Ctrl＋F）。

注意：在挤压出手指的时候，要注意布线的合理性。这里我们采用的是一种较为常用的划分手段，如图 4-14 所示。

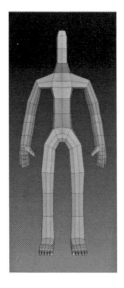

图 4-13　模型布线

图 4-14　手指的划分

4．多细分层级编辑

现在得到的效果如图 4-15 所示，我们得到了一个基本的模型，下面需要在 ZBrush 中运用移动笔刷调整各部分的比例和大体形状。

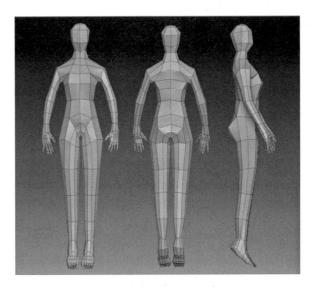

图 4-15　调整各部分的比例和大体形状

按 Ctrl＋D 键进行一次细分。默认情况下，ZBrush 中的每次细分都会将一个四边形面划分为四个面，并进行光滑操作。可以在工具＞几何结构卷展栏中查看及调整细分级别，切换到更低细分级别快捷键为 Shift＋D，切换到更高细分级别快捷键为 D。

在不同的细分级别下，我们可以通过切换不同的笔刷（Brush）来对模型进行雕刻。以下系列图片展示了整个模型被不断细分雕刻的过程，如图 4-16 所示。

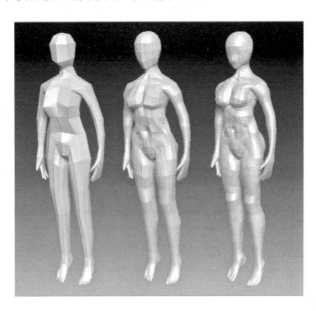

图 4-16　模型被不断细分雕刻的过程

　　在进行了三次细分雕刻之后，就确定了大体形状。接下来就是依照不同部位进行更加细致的细分雕刻，期间还可以运用 ZBrush 的变换功能进行造型的修改。以下是一些局部特写，如图 4-17 所示。

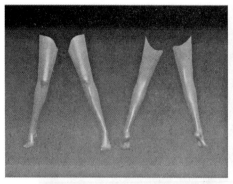

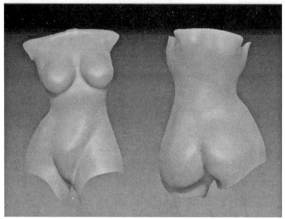

图 4-17　局部特写

　　最后为模型添加一些子物体（SubTool）。图 4-18 是最终完成的雕刻图。

图 4-18　最终完成的雕刻图

4.4　变　形　建　模

下面我们来了解变形器对建模的补充作用，通过一些案例，了解变形建模的操作和原理。

4.4.1　扭曲变形

首先我们切换到前视图或者侧视图，用 EPcurve 工具绘制一条曲线，按住 X 键，把它的起点和终点都落在坐标轴上，如图 4-19 所示，这条曲线目前来说只有两个点，所以我们接下来要对它进行重建，提高它的跨度数，以方便下一步的操作。

图 4-19　绘制起点和终点都在坐标轴上的曲线

接下来使用扭曲变形，给曲线创建了扭曲变形之后，曲线旁边会多出一个变形的操纵器。进入变形器的参数面板，设置开始和结束角度，如图 4-20 所示。比如，把结束角度设置为 7200，也就是 20 圈，那么我们就会发现曲线变成了螺旋线。结合前面学习过的挤出造型，创建一个新的圆来作为轮廓。

对当前得到的螺旋线进行挤出，得到一个螺管造型，如图 4-21、图 4-22 所示。

得到的螺管造型看起来就像一根电话线，可以再结合动画模块里边的功能，给螺旋线添加骨骼，如图 4-23、图 4-24 所示，点击装备模块，首先选中造型，创建关节后执行绑定蒙皮，在进行了蒙皮绑定之后，如果移动某些关节，就会影响到当前位置的形状。

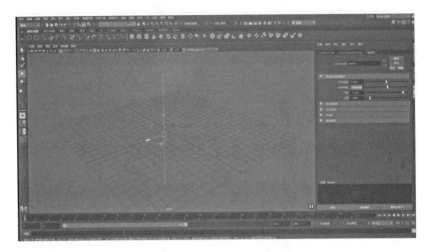

图 4-20   设置开始和结束角度

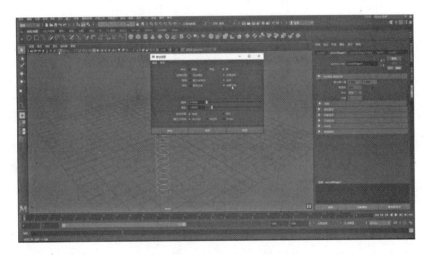

图 4-21   对螺旋线进行挤出 1

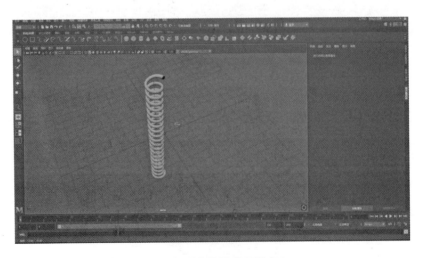

图 4-22   对螺旋线进行挤出 2

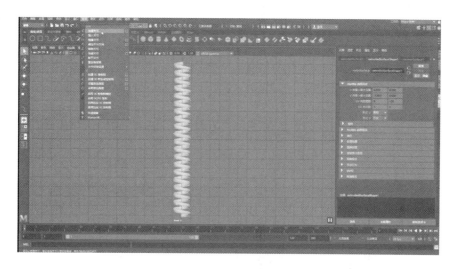

图 4-23   创建关节

图 4-24   绑定蒙皮

接下来还可以添加 IK 控制手柄。如图 4-25 所示，在关节的起点和终点分别点击一下，创建一个控制手柄，通过操纵控制手柄，来改变整个螺旋线的效果，让它看起来就像一根电话线。最终效果如图 4-26 所示。

4.4.2   弯曲变形

首先创建一个立方体，为了使立方体弯曲，需要增加它在高度方向的分段数，如图 4-27 所示。然后在选中状态下执行"变形＞非线性＞弯曲"命令，就会创建一个弯曲的变形器，点击它的属性面板，通过改变曲率可以使这个物体发生不同程度的弯曲，如图 4-28 所示。当曲率等于正、负 180 度的时候，这个物体就被弯曲成为一个圆，如图 4-29 所示。如果是正、负 90 度，那么它就会形成一个半圆。

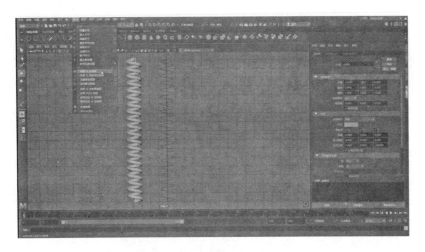

图 4-25　添加控制手柄

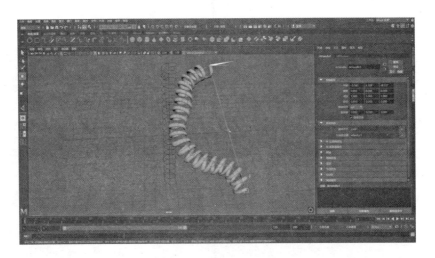

图 4-26　最终效果图

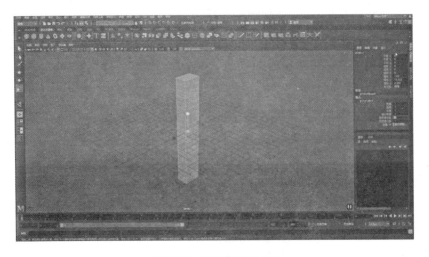

图 4-27　增加高度分段

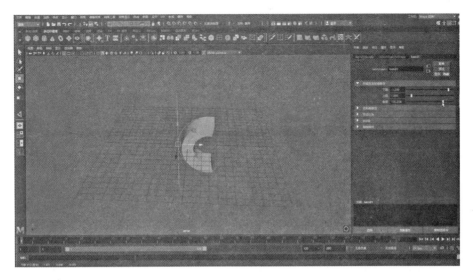

图 4-28 调整曲率

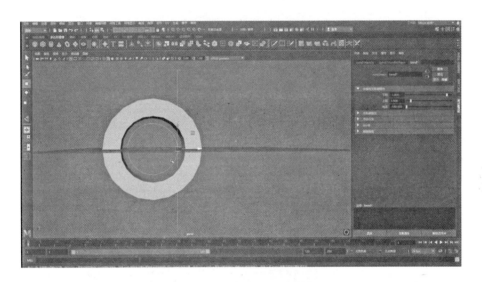

图 4-29 曲率 180 度对应圆

4.4.3 晶格变形

首先创建一个多面体,增加它的高度方向的分段数,选择"变形>晶格",打开项目面板,如图 4-30 所示,这里可以看到分段数设置是 2、5、2,这就是它在长、宽、高三个方向上的分段数,点击创建,效果如图 4-31 所示。

点击右键菜单,可以看到两个选项:晶格点和对象模式。进入晶格点模式,选择若干个晶格点,对接晶格点,进行变化,如图 4-32 所示,通过对这些晶格点的调整,一方面晶格本身的造型发生变化,另一方面在对象模式中可以看到位于晶格内部的多面体也受到晶格的影响。晶格对物体的影响只限于在它的晶格作用范围之内。如果拖动物体离开晶格,使物体

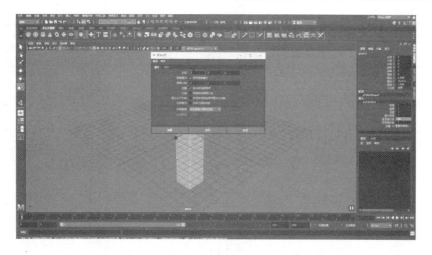

图 4-30 晶格面板

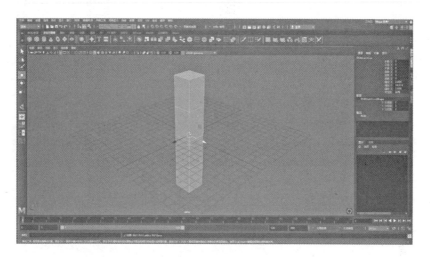

图 4-31 晶格变形效果

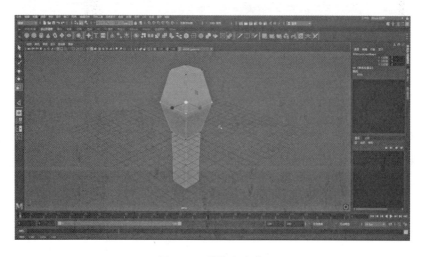

图 4-32 晶格点变化

不存在于晶格范围之内,这个变形的影响就消失了,如图 4-33 所示。使用晶格变形,对一个物体进行了变形处理之后,如果想要把变形的结果固化下来,则要在它变形调节完成之后,删除头套的构建历史,这样对物体的变形就固化下来了。

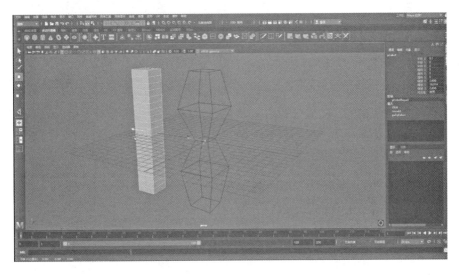

图 4-33 变形无效

4.4.4 包裹变形

包裹变形需要一个曲面,以及受到影响的物体。

创建一个多边形球体,为了方便接下来的操作,我们按数字键 4 进入到线框显示模式,同时打开大纲视图,如图 4-34 所示。

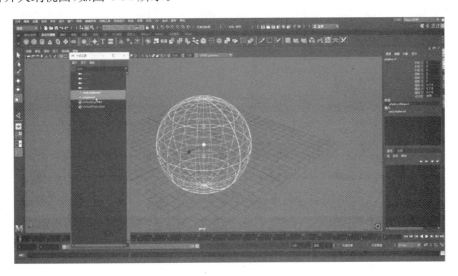

图 4-34 创建多边形球体

首先选中多边形球体,然后按住 Shift 键或者 Ctrl 键在大纲视图中选中曲面球体,之后执行包裹,如图 4-35 所示。

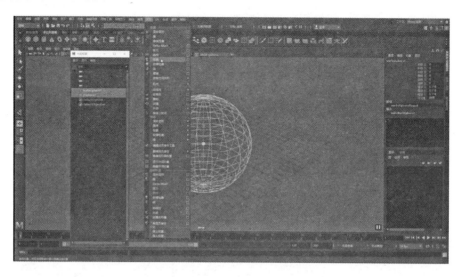

图 4-35　执行包裹

选择曲面球体菜单的顶点或控制点,通过改变这些控制点来改变曲面球体,当曲面球体发生变化的时候,所包裹的多边形球体也会发生相应的变化,如图 4-36 所示。

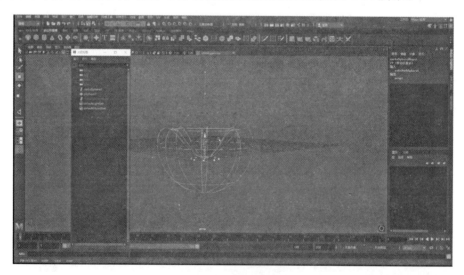

图 4-36　包裹变形效果

4.5　Paint Effects 笔刷绘制

在生成菜单下找到 Paint Effects 工具,点击选项之后,我们会发现光标变成了笔刷图标,这样就进入了绘画模式。点击"生成>获取笔刷",Paint Effects 预置了大量的各种笔刷物体,如图 4-37 所示,点击"获取笔刷",通过在画布上或者在物体表面直接拖动笔刷,就能够把这些物体创建出来,而且可以对它的参数进行调整。

图 4-37　获取笔刷

以带叶子的树为例,点击图标选中一种带叶子的树,如图 4-38 所示,在场景视图上拖动笔刷,物体树就被创建出来。可以改变比如物体的尺寸,选中 Paint Effects 工具之后,在场景视图中按住 B 键左右拖动鼠标,我们会发现往右边拖,树会变大,往左边拖树会变小,如图 4-39、图 4-40 所示。

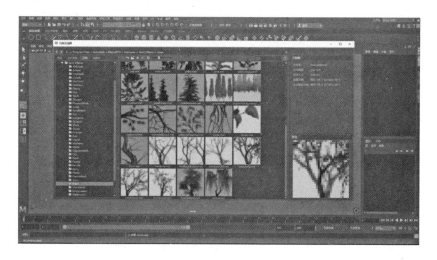

图 4-38　带叶子的树

以上是在场景视图中绘制笔刷,另外还可以在物体表面绘制笔刷。创建一个曲面的球体,在选中物体的情况下,执行"使可绘制"命令,这样就可以在曲面物体上绘制笔刷。之后再执行 Paint Effects 工具,绘制的树就会生长在这个球的表面。如图 4-41、图 4-42 所示。

刚才的树是直接紧贴着球面生长的,对其他的一些物体,有时我们需要让它距离球体有一段距离,这时按住 M 键左右拖动笔刷,笔刷物体就会离我们绘制的表面有一段距离了,如图 4-43 所示。

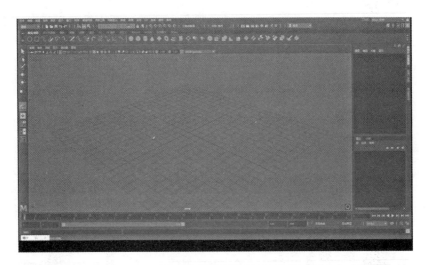

图 4-39　改变笔刷大小

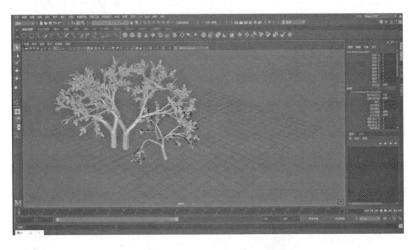

图 4-40　放大的树和缩小的树

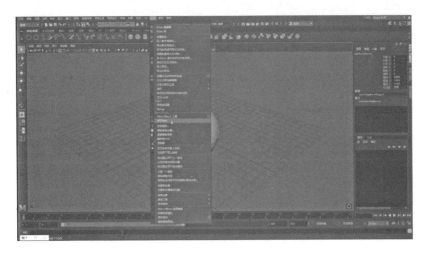

图 4-41　使可绘制

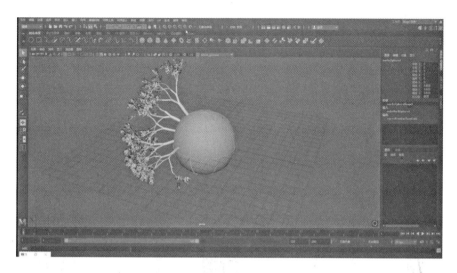

图 4-42　笔刷绘制效果

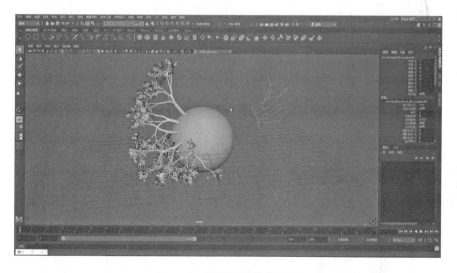

图 4-43　笔刷脱离物体表面

4.6　Paint Effects 笔刷修改

以下介绍笔刷物体的修改功能。首先选择 Paint Effects 工具，打开后期笔刷面板，选择一种笔刷并创建。如图 4-44 所示，通过属性面板，可以看到一些与笔刷相关的参数。在生长属性中，点击分支，可以看到创建出来的花就产生了分支结构；点击细枝，就会产生大量的分支结构，如图 4-45、图 4-46 所示。

选中分支之后，可以调整分支的数量，还可以改变叶的数量，花的花瓣数也可以设定，等等，如图 4-47、图 4-48、图 4-49 所示。通过 Maya 的笔刷物体里的各种参数，可以定制出丰富

图 4-44 笔刷属性面板

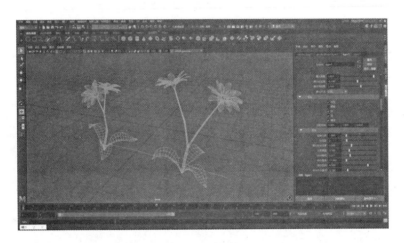

图 4-45 分支

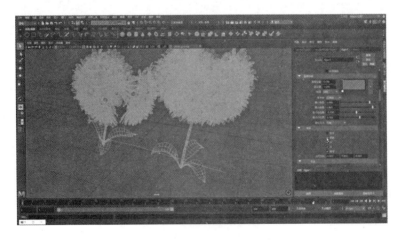

图 4-46 细枝

多样的笔刷物体,之后结合动画模块的功能,所有这些参数都可以被设置以及记录成为动画。

图 4-47 调整分支数

图 4-48 调整叶数

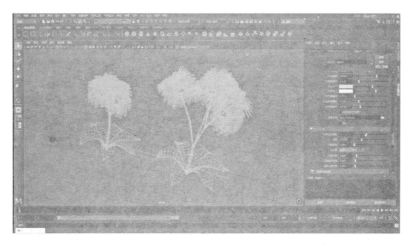

图 4-49 调整花瓣数

4.7 同 步 测 试

1. Maya 中重复上一个命令的快捷键是( )。

　　A. 组合键 Ctrl＋E

　　B. 组合键 Ctrl＋G

　　C. 字母键 E

　　D. 字母键 G

2. (多选)关于 Paint Effect 笔刷工具调整,以下哪些做法是正确的? ( )

　　A. 在场景视图中,长按字母键 B,左右拖动鼠标,能实现笔刷的缩小和放大

　　B. 在场景视图中,长按字母键 B,前后操作鼠标中键滚轮,能实现笔刷的缩小和放大

　　C. 在场景视图中,长按字母键 M,左右拖动鼠标,能调整笔刷与绘制表面的距离

　　D. 在场景视图中,长按字母键 B,前后操作鼠标中键滚轮,能调整笔刷与绘制表面的距离

3. (多选)关于 Paint Effect 笔刷工具使用,以下说法哪些是正确的? ( )

　　A. 通过"生成＞获取笔刷",能够调动 Paint Effect 预置笔刷

　　B. 在不同物体表面绘制笔刷,可通过选中物体＞生成＞使可绘制

　　C. 笔刷生成的模型是固定的、无法修改的

　　D. 在场景视图中,长按字母键 B,可调整笔刷方向

第 5 章 动 画 基 础

5.1 关键帧动画

动画是一个过程,用于创建和编辑对象的属性随时间推移而产生的变化。而关键帧是记录物体属性变化的图片,相当于在特定时刻记录属性的快照。

创建关键帧的步骤示例如下:

在视图中创建一个球体,并将时间滑块置于第 1 帧,在菜单中选择"动画>设置动画关键帧"(或使用快捷键 S),创建第一个关键帧,如图 5-1 所示。创建关键帧后会在时间轴上看到关键帧标志,同时物体相应的属性变为红色。

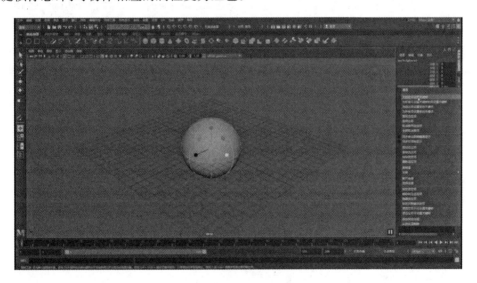

图 5-1　创建关键帧

将时间滑块置于第 12 帧,将物体拉伸成一个椭球体,再次创建一个关键帧,如图 5-2 所示。

播放动画,观察物体的变化。

图 5-2　结束的关键帧

5.2　路　径　动　画

通过路径动画,用户可以创建运动轨迹和需要运动的物体,并使物体沿着路径运动。具体方法示例如下:

创建一条曲线,并创建一个柱体。同时选择柱体和曲线,使用菜单命令"动画>约束>运动路径>流动路径对象"创建路径动画。如图 5-3 所示。

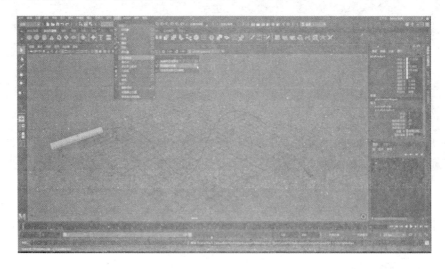

图 5-3　创建路径动画

为了使动画更加平滑流畅,需要增加轨道线的分段数,如图 5-4 所示。动画效果如图5-5所示。

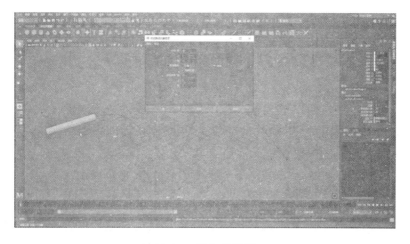

图 5-4 增加分段数

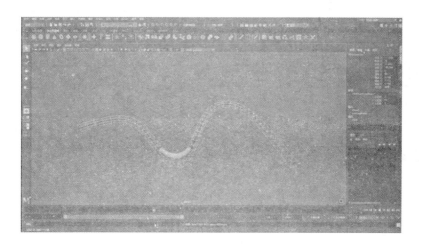

图 5-5 动画效果

调整通道的宽窄会影响柱体的粗细,如图 5-6 所示。

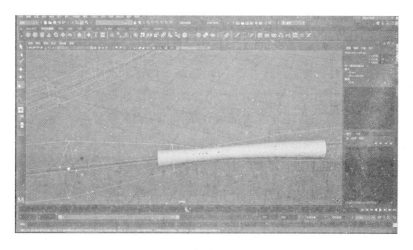

图 5-6 柱体粗细变化

5.3 面 部 动 画

通过形变可以塑造相同拓扑结构的变化,多用于制作面部表情动画。创建面部动画的步骤示例如下:

为了实现一个表情动画,需要有一个人物的头部模型,这里使用一个面部模型生成工具FaceGen Modeller 生成。如图 5-7 所示,FaceGen Modeller 可以生成不同性别、种族、年龄等不同特征的人的头部模型,然后通过它的变形菜单调节,使它产生各种不一样的表情。面部动画一般来说是在各种表情和一个标准表情之间变化的动画,所以首先需要导出一个标准表情,然后再调节不同的表情参数,产生不同表情的面部模型后导出。如图 5-8、图 5-9 所示,这里生成一个愤怒表情和一个微笑表情。然后导入到 Maya,缩放到合适的尺寸。

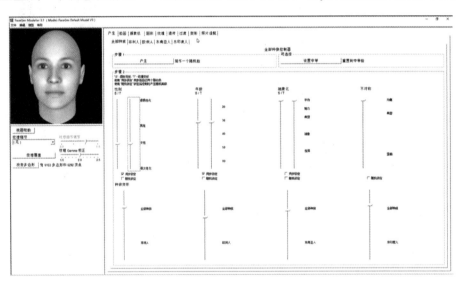

图 5-7 FaceGen Modeller

选中整个头部,因为它里面包含了多个部件,除了面部表皮之外还有眼珠、舌头等,所以需要按 Ctrl＋J 键形成群组以便操作。再把另外的两个模型分别导入并形成群组。然后我们按数字键 6 进入预览状态以便观察表情的效果,如图 5-10 所示。

打开大纲视图,选中不同的群组,改变它们的位置,把标准表情这一组放到中间,把两种夸张表情放到标准表情的两边。为了产生一个面部的表情变化,需要在夸张表情和标准表情之间建立形变。打开动画编辑器、形变编辑器,依次选中夸张表情,最后选中标准表情,创建形变,如图 5-11 所示。现在两个表情的名称后边分别出现了一个不同的滑块,通过拖动滑块,标准表情会产生一个形状的过渡变化,结合关键帧,把这样的一种表情的变化记录成为动画,如图 5-12 所示。

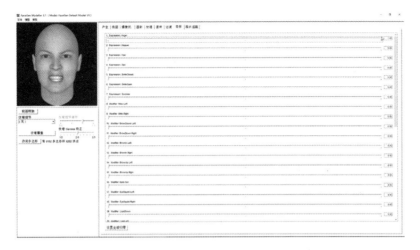

图 5-8   生成愤怒表情

图 5-9   生成微笑表情

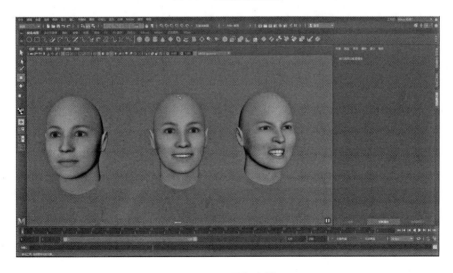

图 5-10   导入素材

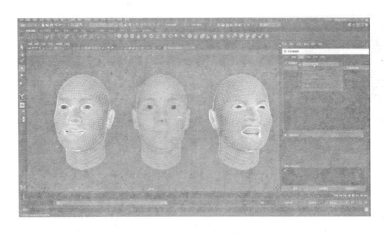

图 5-11　创建形变

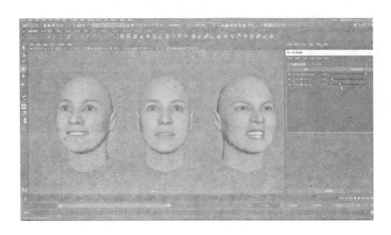

图 5-12　面部形状变化

　　把光标时间线放到第 1 帧,在第一个表情的属性上,右键菜单执行关键帧,在时间滑块上用光标定位另外一个关键帧,改变当前的表情滑块,再次执行一次关键帧。把动画的最大播放速率改为 24 fps,动画就会以正常的速度进行播放。如图 5-13、图 5-14 所示。

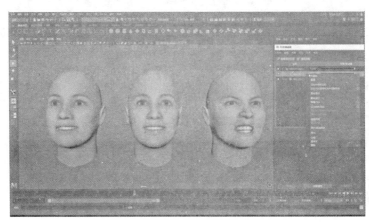

图 5-13　创建关键帧

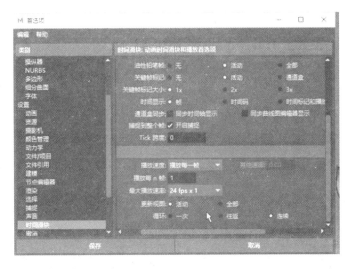

图 5-14 改变动画速度

5.4 驱动关键帧动画

驱动关键帧动画,顾名思义,就是用某种手段让一个物体来驱动另外的一个或者多个物体某种属性的变化。下面以制作一个快门叶片开合的效果为案例进行讲解。

相机的快门有多达 12 个的叶片,只有当这 12 个叶片同时旋转的时候,快门才会发生开合的效果。首先绘制两个同心圆作为快门的参考,每一个叶片都会内切以及外切于这两个圆,所以在绘制每一个快门叶片轮廓线的时候,要按住 C 键在曲线捕捉的模式下进行绘制。在绘制出快门叶片的大致轮廓后,在曲线菜单下执行开放闭合,使曲线成为闭合的曲线,如图 5-15 所示。

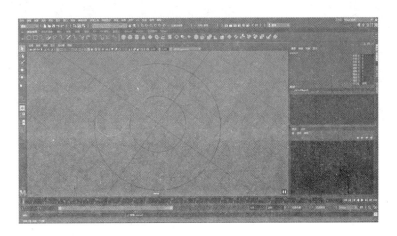

图 5-15 使轮廓曲线闭合

利用轮廓线进行放样造型，制作快门叶片。首先选中它进行复制，利用放样造型，把上、下表面之间的部分制作出来。对于上表面或者下表面，使用平面成型，由此制作出一个快门叶片，如图 5-16 所示。

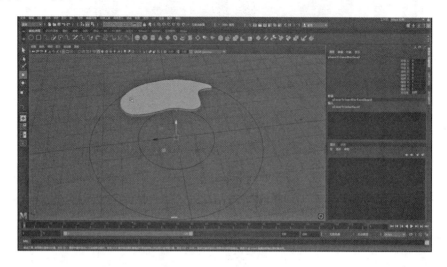

图 5-16　快门叶片放样造型

创建空图层，把刚才制作的快门叶片的轮廓线放进去，这是为了让造型不受历史曲线的影响。接下来选中快门叶片的三个表面，形成群组。这里要注意，快门叶片在旋转的时候，并不是围绕着坐标原点进行旋转的，所以要把旋转中心拖动到快门叶片的旋转中心上，如图 5-17 所示。

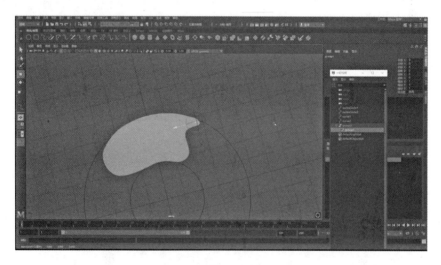

图 5-17　拖动旋转中心

现在可以看到有两个群组，第一个在叶片本身的旋转中心上，第二个在坐标原点的旋转中心上，接下来对已经得到的群组进行复制，如图 5-18 所示，复制 11 份，从而得到总共 12 个叶片，如图 5-19 所示。

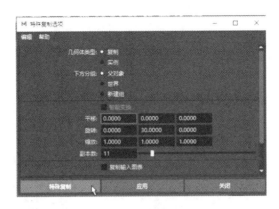

图 5-18 复制群组

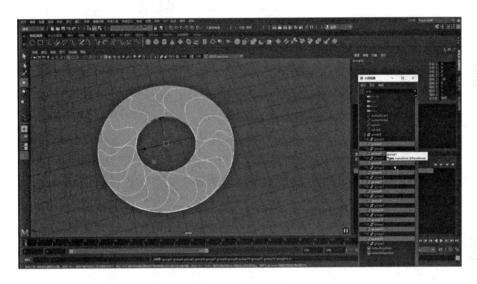

图 5-19 全部叶片

展开 12 个叶片,选中旋转中心的群组来制作驱动关键帧的动画。为了驱动关键帧,需要创建用来驱动这 12 个叶片旋转的物体的属性。创建一个定位器,给定位器添加属性,命名为 shutter,并设置好最大值、最小值。

打开动画菜单,设定受驱动关键帧,这里我们选择定位器的 shutter 作为驱动者,选中 12 个叶片作为受驱动者,并选中 Y 轴方向设置关键帧。接下来在 shutter 属性和叶片的旋转之间建立相互关系。首先选中定位器的 shutter,在 shutter 为 0 的时候,这 12 个叶片的旋转处,设置第一个关键帧。在 shutter 变为 10 的时候,选中这 12 个叶片,将 Y 设置为 60 度。如图 5-21 所示。

对 shutter 进行关键帧动画的设定,在第 1 帧的位置令 shutter = 0,设置一个关键帧,再把光标定位到另外某一帧的位置,把 shutter 设置为 10,再设置另外一个关键帧,现在我们就可以看到快门叶片已经可以张开闭合了,效果如图 5-22、图 5-23 所示。

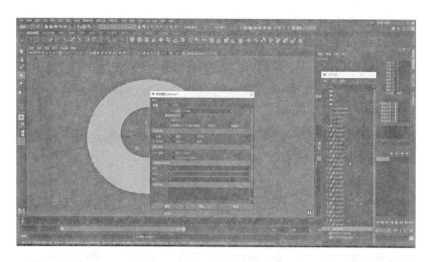

图 5-20　添加驱动所需属性

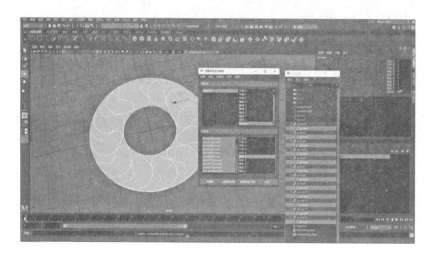

图 5-21　选中驱动关系设置关键帧

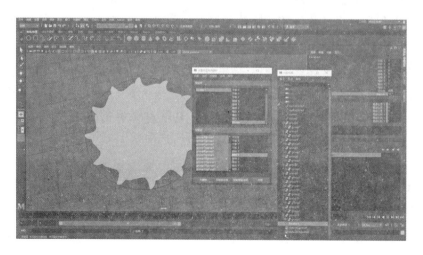

图 5-22　动画效果 1

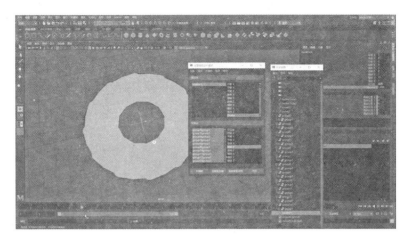

图 5-23   动画效果 2

可以看到,利用定位器的新增属性 shutter 驱动 12 个叶片的旋转,就完成了这样一个复杂的动画,可以设想,如果我们要逐个去设定这 12 个叶片的动画,显然会非常麻烦,这就是驱动关键帧动画的优势。

5.5   同 步 测 试

1. 如何改变时间滑块"起始帧"和"结束帧"设定数值?(   )

　　A. 时间滑块右键菜单命令

　　B. 时间滑块直接拖动数值范围

　　C. 通过范围滑块调整

　　D. 无法改变

2. 制作路径动画,以下哪个操作命令是正确的?(   )

　　A. 动画模块,约束>运动路径>连接到运动路径

　　B. 装备模块,约束>运动路径>连接到运动路径

　　C. 建模模块,变形>动画>运动路径

　　D. 建模模块,动画>运动路径>连接到运动路径

3. (多选)如何删除关键帧动画?(   )

　　A. 通道面板选定,右键菜单命令>断开连接

　　B. 通道面板选定,右键菜单命令>删除

　　C. 时间滑块选定关键帧,右键菜单命令>断开连接

　　D. 时间滑块选定关键帧,右键菜单命令>删除

4. (多选)关于制作路径动画,以下哪些说法是正确的?(　　)

A. 路径动画制作,不需要绘制运动路径

B. 可以通过打开连接到运动路径选项框,详细调整运动对象的属性和参数

C. 通过约束＞运动路径＞流动运动路径,可以制作流动运动物体

D. 制作流动运动物体,不需要改变对象各个方向上的细分数,就可以制作出自然的流动物体

第6章　复杂动画与批渲染

6.1　表达式动画

除了关键帧动画和路径动画之外,还有一种特殊的动画类型,即通过表达式来控制物体的运动。创建表达式动画的步骤示例如下:

首先创建一个球体,接下来用表达式控制平移参数,在属性面板变换属性的平移中,点击右键菜单创建表达式,如图 6-1 所示。

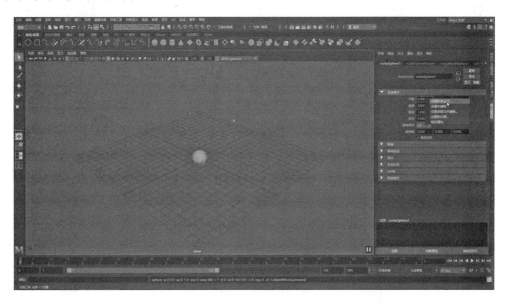

图 6-1　创建表达式

编辑表达式,赋值 nurbSphere1. translateX = 5 * sin(time),这个代码的作用是让平移 X 的值受以时间为变量的正切函数的控制,如图 6-2 所示,Y 方向同理,点击创建,点击播放按钮,球体即开始做圆周运动。这样就创建了一个表达式动画,通过表达式来实现驱动物体做圆周运动。

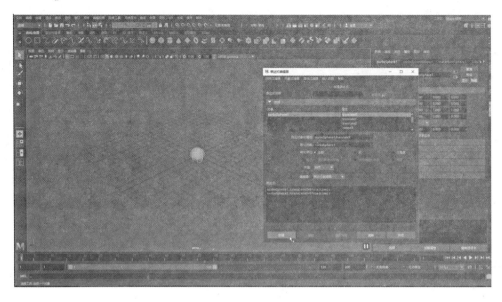

图 6-2   编辑表达式

6.2   非线性动画

6.2.1   非线性动画设定方式

非线性动画主要用于后期的剪辑合成以及加工。通过一些简单的案例，我们来了解一下非线性动画的特征。

制作一个小球在 X 和 Z 两个方向上运动的动画。在第一帧对小球的 Z 轴的平移值进行关键帧的设定。然后到另外一个关键帧，改变 Z 轴的值，再进行一个关键帧动画的设置。这就制作了 Z 轴方向的动画。同理，在 X 轴方向进行类似的动画设定。两个动画叠加起来，就是对角线方向上的移动动画效果，如图 6-3 所示。

此外还有一种非线性动画的思路。首先仍在 Z 轴方向对球的运动进行动画的设定，然后点击窗口＞动画编辑器＞Trax 编辑器，选定小球，点击 Trax 编辑器的创建，场景当中出现了一点变化，如图 6-4 所示，可以观察到平移 Z 的属性由红色变成了黄色。同理，再对小球在 X 轴方向的运动进行同样的设置，可以看到平移 X 的动画也被创建成为一个动画片段。然后在 Trax 编辑器中拖动时间轴来预览动画。

上述两个动画效果是相似的，小球都是在做对角线的运动。但是 Trax 编辑器中的两个动画片段是可以分别选中的。选中第二个动画片段把它往后平移，拖动时间轴，现在可以观察到小球先做 Z 轴方向的平移，再做 X 轴方向的平移，也就是两个动画片段相互错开了，如

图 6-5、图 6-6 所示。

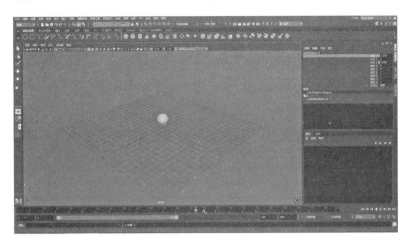

图 6-3　X 轴和 Z 轴方向的动画叠加

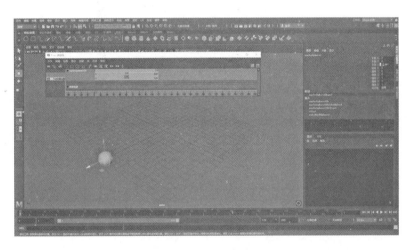

图 6-4　创建 Trax 动画

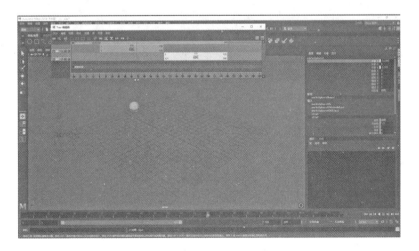

图 6-5　先在 Z 轴方向平移

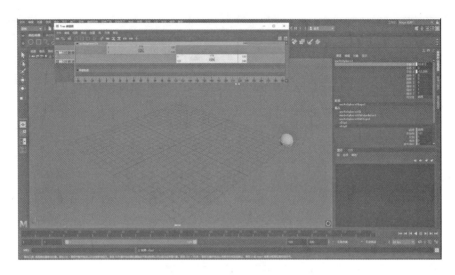

图 6-6   后在 X 轴方向平移

如果使两个片段局部重叠，如图 6-7、图 6-8、图 6-9 所示，小球会首先在 Z 轴平移一段，再做对角线运动，在重叠结束之后，又在 X 轴方向平移。据此我们会发现，非线性动画实际上可以让我们通过制作多个简单动画叠加来实现复杂的动画。

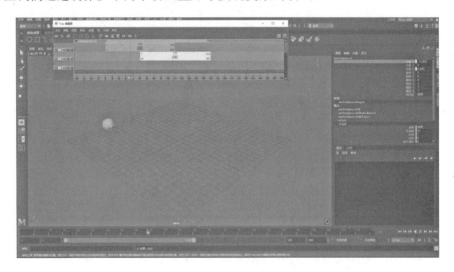

图 6-7   在 Z 轴方向平移

6.2.2   Trax 编辑器功能

1. 对动画片段进行复制

如果两个动画片段同时粘贴在了一个位置，动画的播放速率就会有所增加。此外还可以对动画片段进行分割，变成两个或者多个动画片段，类似于视频剪辑软件，把它们放在同一个轨道或者不同的轨道里边进行剪辑，如图 6-10 所示。在两个动画片段之间空白的区域，这个物体是没有动作的。

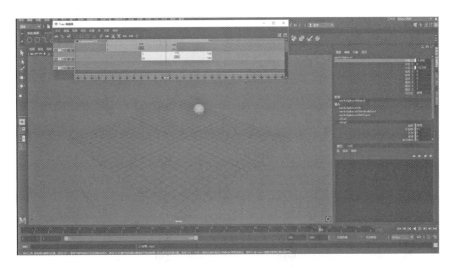

图 6-8　对角运动

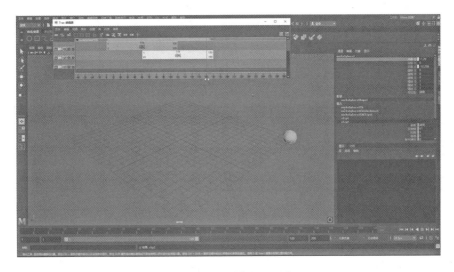

图 6-9　在 X 轴方向平移

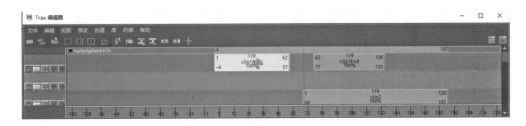

图 6-10　动画片段的复制和拆分

2. 对动画片段的起始帧和结束帧进行调节

用鼠标点中动画片段上方左侧或者右侧的框，可将其左右拖动。选中左上方的框，向右拖动可改变动画片段的开始帧；选中右上方的框，往左拖动可改变动画片段的结束帧。如图 6-11、图 6-12 所示。

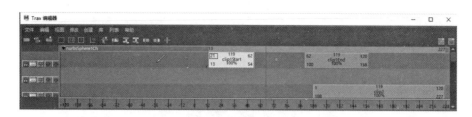

图 6-11　调整开始帧

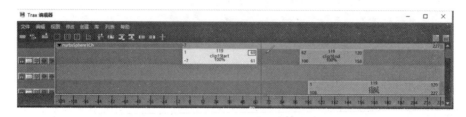

图 6-12　调整结束帧

3．改变动画片段的播放速率

选中片段下方的方框拖动，可以看到片段上的百分数在发生变化，这样可以改变动画片段的播放速率，如图 6-13 所示。

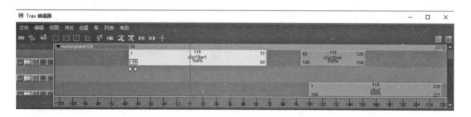

图 6-13　调整播放速率

4．修剪片段

如图 6-14、图 6-15 所示，黄色片段左边部分被修剪。

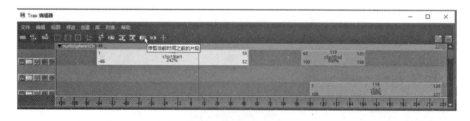

图 6-14　修剪前

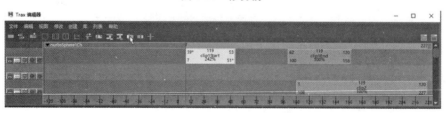

图 6-15　修剪后

6.3　动　画　曲　线

6.3.1　动画曲线及动画曲线编辑器

动画曲线可以让动作更流畅,更具有节奏美感。角色动作是否"生硬",除了细节动作的刻画程度之外,就是动作曲线的过渡方式了。

曲线图编辑器(Graph Editor)是编辑动画关键帧的主要工具,可以用它来编辑、添加和复制关键帧,从而控制复杂的动画时间。在曲线图编辑器对话框中,可以观察到场景中所有参数的动画曲线,每个关键帧的切线决定了动画曲线的形状和中间帧的属性值。

下面介绍一下曲线编辑器的操作:

窗口>动画编辑器>曲线图编辑器,打开曲线图编辑器对话框,如图 6-16 所示。

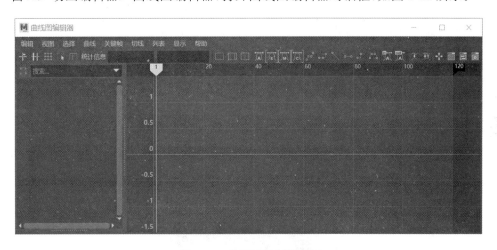

图 6-16　曲线图编辑器界面

移动:移动整条动画曲线。

插入:插入新的关键帧。

添加:添加新的关键帧,此时会相应地改变曲线的形状。

晶格变形:可以为选中的曲线添加晶格变形,从而对动画曲线进行整体变形。

输入栏:可以输入新的值来改变关键帧的时间和属性值。

关键帧切线形状:改变关键帧附近的曲线形状。

缓冲曲线:比较当前动画曲线和先前动画曲线的形状,若要查看缓冲曲线,可以通过"视图>显示缓冲曲线"命令查看。

缓冲曲线快照:将曲线的原始形状捕捉到缓冲器上。

交换缓冲曲线:交换缓冲曲线和已编辑的曲线。

权重工具:编辑关键帧切线手柄的操作工具。如图 6-17 所示。

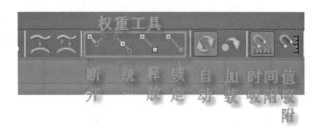

图 6-17　曲线图编辑器权重工具

切线有权重切线和非权重切线两种,区别在于非权重切线仅能更改切线的角度而不能更改切线的权重(即切线长度)。

在曲线编辑器对话框中执行"曲线>非权重切线"命令,可以使被选择的曲线成为非权重曲线。反之,"加权切线"命令使曲线成为有权重的曲线。

打断切线:可以断开被选择关键帧的切线,以方便对切线的"入手柄"或"出手柄"进行操作。

统一切线:可以使断开的切线统一起来。

加载＆自动加载:用于加载被选择对象的动画曲线。

时间吸附:在图标区中移动关键帧时,可以总是吸附到最近的整数时间单位上。

值吸附:在图标区中移动关键帧时,可以总是吸附到最近的属性值上。

"编辑"菜单:如图 6-18 所示。

图 6-18　曲线图编辑器"编辑"菜单

缩放:可以把某一范围内的关键帧扩大或压缩到新的时间范围内。

捕捉:把选择的关键帧捕捉到最近的整数时间单位值和属性值上。

选择未捕捉:选择不处于整数时间单位的关键帧。

6.3.2　动画曲线实例:小球弹跳

创建一个小球,挪到界面的一侧,为了精确地定位小球的位置,按住 X 键进行网格捕捉。

设置一系列的关键帧。第 1 帧在位置 Y = 12 和 Z = 12 处,也即小球在最高点处,设置关键帧,如图 6-19 所示。

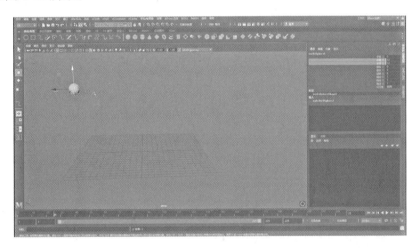

图 6-19　设置第 1 个关键帧

跳到第 25 帧,此时为小球落地点,设置第 2 个关键帧。由于小球的默认半径是 1,所以让小球平移 Y = 1,使小球落在坐标平面上。如图 6-20 所示。

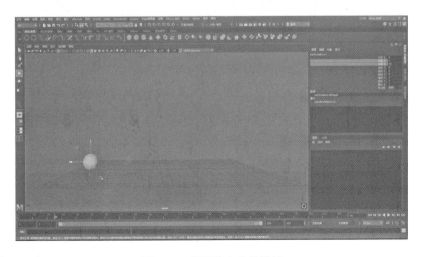

图 6-20　设置第 2 个关键帧

跳到第 50 帧，把小球移动到位置 $Y=10$ 和 $Z=8$ 处，也即第二次弹跳最高点处，设置第 3 个关键帧，如图 6-21 所示。

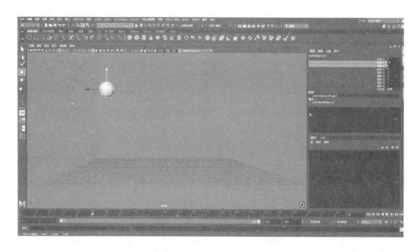

图 6-21　设置第 3 个关键帧

跳到第 75 帧，把小球移动到位置 $Y=1$ 和 $Z=6$ 处，也即第二次弹跳落地点处，设置第 4 个关键帧，如图 6-22 所示。

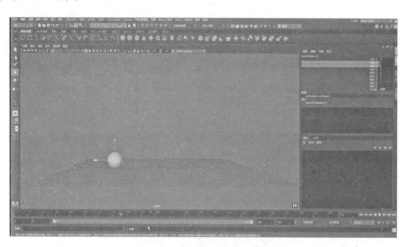

图 6-22　设置第 4 个关键帧

根据此规律继续设置关键帧，相关坐标设置如表 6-1 所示。

表 6-1　关键帧坐标设置

关键帧	帧位置	Y 坐标	Z 坐标
1	0	12	12
2	25	1	10
3	50	10	8
4	75	1	6

续表

关键帧	帧位置	Y 坐标	Z 坐标
5	100	8	4
6	125	1	2
7	150	6	0
8	175	1	−2
9	200	4	−4
10	225	1	−6

设置完之后播放动画,得到小球弹跳的一个动画效果。但由于我们的参数设置是线性变化的,系统默认的运动方式也会比较接近线性,所以整个过程看起来像是匀速运动,而真实的小球下落是具有加速度的,坐标变化是非线性的。

这时就要借助动画曲线的编辑来实现小球下落时候的加速度效果了。打开动画编辑器＞曲线图编辑器,选择 Y 方向的平移,为了让小球呈现出越往下降落速度越快或者越往上上升速度越慢的效果,需要在小球下落到最底端的时候断开切线,断开之后,对动画曲线进行单侧的曲率调整,使曲线形状接近抛物线,如图 6-23、图 6-24 所示。

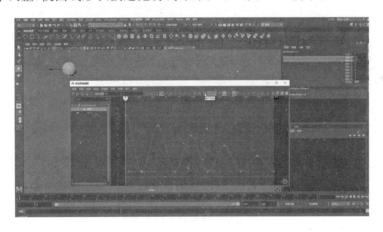

图 6-23　断开切线

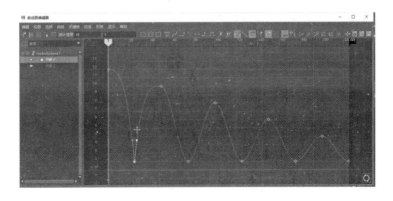

图 6-24　调整曲线

需要注意的是,如果没有执行断开切线,在调整曲线的时候,左、右两侧的曲线会同时受到影响,如图 6-25 所示。

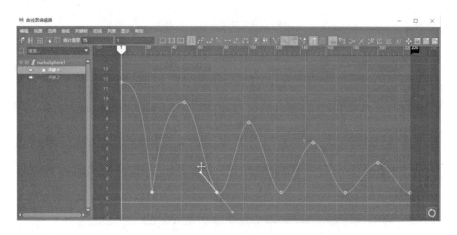

图 6-25　未执行断开切线的效果

依次调整各条曲线之后,新的动画曲线如图 6-26 所示,再次播放动画,这时的小球弹跳动画就能达到越往下降落速度越快或者越往上上升速度越慢的效果。

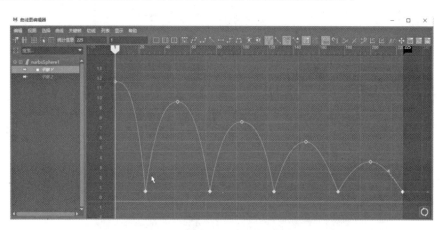

图 6-26　调整后的动画曲线

6.4　批　渲　染

批渲染是 Maya 制作动画的重要手段,即批量处理多个帧的渲染文件。以下给出批渲染的一个实际案例,了解批渲染的原理和操作。

1. 打开渲染设置

渲染设置按钮在界面右上角,如图 6-27 所示。

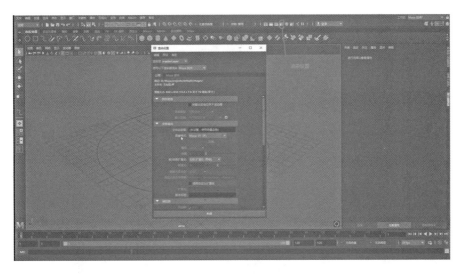

图 6-27　渲染设置

2. 选择图像格式

我们选择一种方便后期使用的图像格式。如果我们需要比较小的存储量,可以选择 jpg 格式。如果我们需要比较高的画质,可以选择 16 位的图像格式。如果我们需要渲染出来的图像带有透明背景,可以选择 png 格式。如图 6-28 所示。

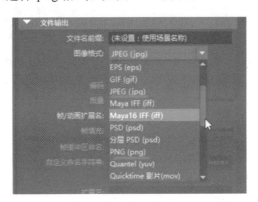

图 6-28　图像格式设置

3. 选择渲染文件名称

如果只是选择了简单的文件名加扩展名,那就只能是渲染单帧,我们要使用诸如"名称.♯.扩展名"这样的带"♯"号的命名方式来渲染系列帧。一般情况下选择"名称.♯.扩展名",如图 6-29 所示,这个"♯"号在渲染时,会自动替换成每一帧对应的序号。

4. 指定渲染帧的范围

设置开始帧和结束帧,对于当前动画来说,总共有 120 帧,所以结束帧是 120。设置渲染帧的间隔数,如果这里帧数设置为 1,则总共渲染 120 帧,如果帧数设置为 2,那么总共只会渲染 60 帧。

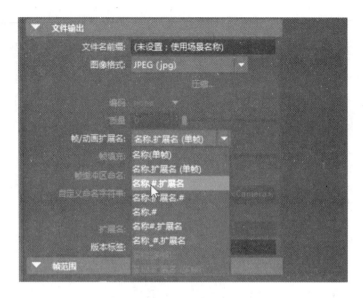

图 6-29　文件名设置

图 6-30　帧范围设置

5．设置渲染用摄影机

如果没有创建新的摄影机，默认使用透视图自带的摄影机 persp，如果有专门设定的摄像机，可以选择我们设定好的摄影机视图。如图 6-31 所示。

图 6-31　指定摄影机

6．设置渲染的图像尺寸

如果是要渲染高清画面，那这里我们就需要设置为 HD 1080，如图 6.32 所示。

图 6-32　设置图像尺寸

7．设置渲染质量

如果选择比较高级的质量，那么最后渲染出来的画质会比较高，但是它的渲染时间也会比较长。如图 6-33 所示。

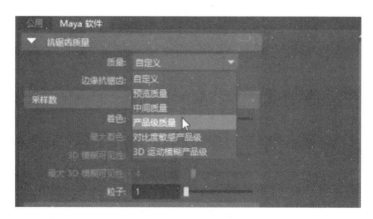

图 6-33　设置渲染质量

8．进行批渲染

进入渲染菜单，点击"渲染＞批渲染"。勾选"使用所有可用处理器"可以大幅度地加快渲染的速度，但也会占用更多内存。然后点击"批渲染"，在界面下方就会出现"正在使用 Maya 软件进行渲染"的文字提示。如图 6-34 所示。渲染出来的文件存放在 Maya 项目文件的 image 目录中，渲染结束后，在 image 目录下找到批渲染得到的图片系列，然后在视频处理软件中把这些图片系列和相应的音频进行合成。虽然我们也可以在 Maya 中直接渲染视频文件，但是不推荐这样做，因为有可能会导致画质不可控。

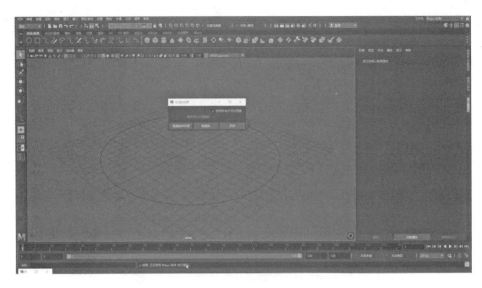

图 6-34　进行批渲染

6.5　同　步　测　试

1. 在创建"小球弹跳"动画曲线中,如何使曲线节点精确定位?（　　　）

　　A. 快捷键 W（捕捉到视图平面）

　　B. 快捷键 X（捕捉到栅格点）

　　C. 快捷键 D（捕捉到曲线）

　　D. 快捷键 E（捕捉到点）

2. 非线性动画创建教学视频中,是如何将不同的动画片段拼接使其时间上连续的?

　　（　　　）

　　A. 在动画片段的编辑器中拖动动画片段时间轴位置

　　B. 创建关键帧动画时在相应时间位置设置关键帧

　　C. 在动画片段的编辑器中,设置关键帧动画时间,创建关键帧

　　D. 设置动画片段播放时间

3. （多选）以下关于 Trax 编辑器的说法,哪些是正确的?（　　　）

　　A. 在 Trax 编辑器中无法复制动画片段

　　B. 在 Trax 编辑器中无法分割动画片段

　　C. 在 Trax 编辑器中可以剪切动画片段

　　D. 在 Trax 编辑器中可以合并动画片段

第7章 角色动画技术

7.1 骨　　骼

7.1.1 骨骼系统的概念、构成和关联关系

骨骼是角色动画最基本的概念之一，一个三维角色通常是采用骨骼、皮肤、衣服、配件这样层层向外的方法制作的。骨骼是用来驱动皮肤运动的工具，骨骼的概念和真正的骨骼几乎是一样的。

要创建骨骼非常简单，只要选择"骨架＞创建关节"命令，然后在场景里用鼠标点击就可以了。如图 7-1 所示。

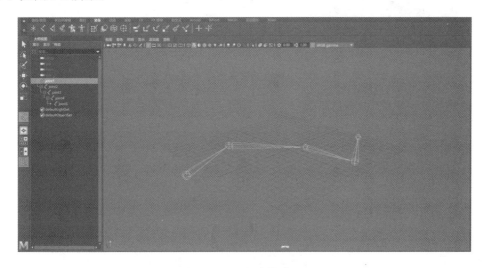

图 7-1　创建骨骼

观察大纲视图，可以清楚地看到，骨骼其实是一层套一层的关节点，如果我们在大纲视图里把骨骼的父子关系打乱，结果就如图 7-2 所示。

通过改变骨骼的父子关系，我们能够很轻松地创建骨骼的层次关系。图 7-3 是将图 7-1 中 5 个节点的关系倒过来连接的效果。

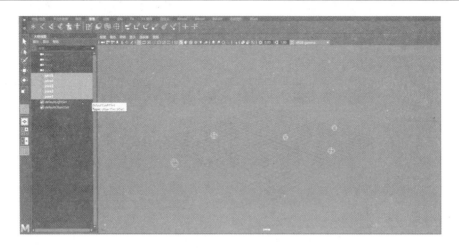

图 7-2　骨骼

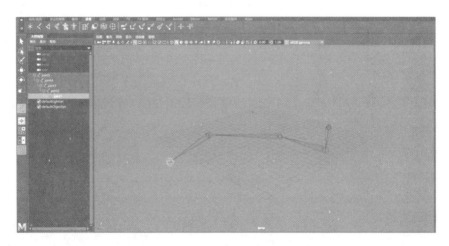

图 7-3　将 5 个节点的关系倒过来连接的效果

骨骼节点的层次关系,不只局限于一对一,也可以是一对多的关系,如图 7-4 所示。

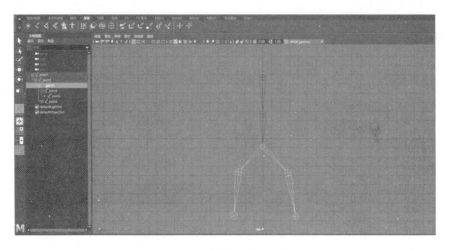

图 7-4　骨骼节点的层次关系

所以,层级结构就是骨骼的根本属性。只要掌握了这种层级关系,就可以很容易地制作出所需要的骨骼结构。

骨骼创建起来很容易,但其属性却有很多。选择一个骨骼节点,使用快捷键 Ctrl＋A 打开其属性编辑器,这里介绍一些简单常用的属性:

限制信息＞旋转:这里能够限制骨骼节点的旋转角度,方便模拟真实物体的运动情况。

关节旋转限制:这也是个比较重要的属性,对大部分具有生命的动物来讲,当关节以最大程度旋转趋于极限时,旋转的速度会减慢或被抑制。

对于骨骼节点,默认情况下,其自身坐标的 X 轴方向是指向下一层骨节点的,其 Y 轴是指向自身 Up 方向的,这两点很重要。

骨骼一旦创建,就不应使用移动工具来改变它的位置,因为骨骼移动以后,它的自身坐标轴并不会自动改变。但实际工作中经常需要移动骨骼节点,这时可以在移动后选择绑定模块,使用骨架＞确定关节方向来将所有骨骼节点的自身坐标恢复统一。

7.2　蒙　　皮

7.2.1　蒙皮技术的原理和应用方法

要把角色模型变成有生命的动画人物,就要使用骨骼来变形这个模型,蒙皮正是将模型绑定到骨骼上的技术。

蒙皮是用骨骼的关节点来拉动模型皮肤上最近处的点,由此产生骨骼移动时,皮肤跟着一起移动的效果。

要进行蒙皮的相关操作,可通过 Skin 菜单来实现,如图7-5 所示。

7.2.2　骨骼与模型的绑定

让我们来为一个圆柱体创建平滑蒙皮,操作步骤如下:
同时选中骨骼与圆柱体。

在工具架中选择蒙皮＞绑定蒙皮,这个圆柱体就被绑定到了骨骼上,只需动画骨骼就可以产生相应的形变了。如图 7-6所示。

使用平滑蒙皮可以很容易地做出关节变形的平滑效果来,我们可以随意地旋转和移动骨骼节点,而不用担心无法回到原

图 7-5　蒙皮菜单

始位置,因为 Maya 为我们提供了回到绑定姿势的功能:

选中骨骼。

选择蒙皮>转到绑定姿势命令,骨骼自动回到它的绑定姿势。如图 7-7 所示。

图 7-6   平滑蒙皮   图 7-7   回到绑定姿势

回到绑定姿势后,我们可以从骨骼上将皮肤分离下来,进行模型调整,调整之后再次进行绑定。分离蒙皮的方法如下:

选中要分离的皮肤。

选择蒙皮>取消绑定蒙皮。

7.2.3   刚性和平滑绑定方式

蒙皮方式有两种:刚性蒙皮与平滑蒙皮。

刚性蒙皮是使用一个骨骼节点影响多个皮肤上的点,变形是非常直接的;而平滑蒙皮则是使用多个骨骼节点同时影响一个皮肤上的点,变形是比较平滑的,如图 7-8 所示。

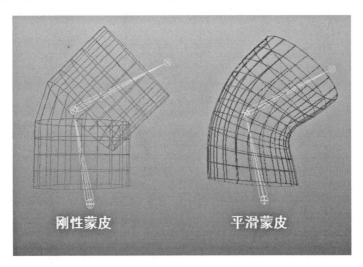

图 7-8   刚性蒙皮与平滑蒙皮的对比

7.2.4　蒙皮权重的绘制调节

骨骼与皮肤绑定后,有时形变效果并不理想,如图 7-9、图 7-10 所示,这个问题可以通过调节蒙皮权重来解决。

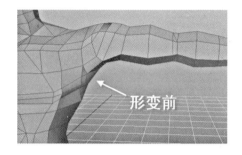

图 7-9　形变前

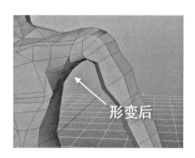

图 7-10　形变后

选中皮肤,使用菜单蒙皮>绘制蒙皮权重>▢,打开蒙皮权重的绘制工具。如图 7-11 所示。

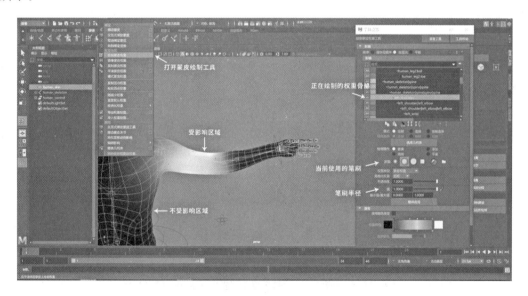

图 7-11　蒙皮绘制

蒙皮绘制工具把分配权重的工作视觉化了。

分配权重时,角色皮肤变成了黑、白两种颜色。白色表示受当前骨骼节点影响的权重是 1,黑色表示权重是 0。

工作时,用笔刷将颜色刷在模型上面,即可产生相应的功能。

笔刷有四个选项:替换、添加、缩放、平滑,如图 7-12 所示。

蒙皮权重绘制工具的工作方式是:针对皮肤模型,以骨骼为中心进行操作。也就是说,操作对象是皮肤的权重,但是权重又是分配给骨骼的。所以我们分配蒙皮权重的工作其实就是在蒙皮上面来操作骨骼的权重。

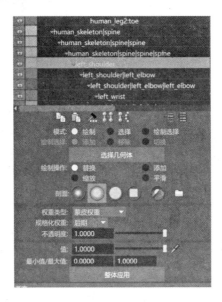

图 7-12   笔刷选项

通过权重的绘制,我们可以较好地解决之前的问题,如图 7-13、图 7-14 所示。

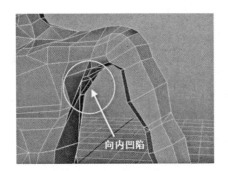   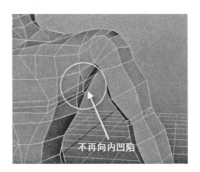

图 7-13   权重绘制前   图 7-14   权重绘制后

7.3   案例:机械臂抓取物体

首先我们创建一个简单的机械手臂模型。模型的创建比较简单,这里就不详细叙述了,需要注意的是运动的零件我们要分开来建,即不同的零件作为不同的物体,不必用一个物体拓扑出来,这样可以方便动画的制作。创建的机械手臂如图 7-15 所示。

我们为这个物体创建骨骼,使用骨骼来驱动物体,如图 7-16 所示。

接着创建两个 NURBS 圆形曲线,分别用来控制机械手臂的旋转与弯曲,如图 7-17所示。

图 7-15　创建的机械手臂

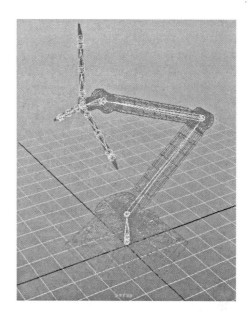

图 7-16　创建骨骼

图 7-17　创建控制器

使用修改＞添加属性，为上面的小圆添加一个属性 Finger，用来控制机械手指的弯曲，如图 7-18 所示。

选择动画模块，使用关键帧＞设定受驱动关键帧＞设定，用 Finger 属性来驱动手部骨骼的旋转属性，如图 7-19、图 7-20 所示。

将模型零件作为相应骨骼的子物体，这样模型就可以跟随骨骼一同运动了。

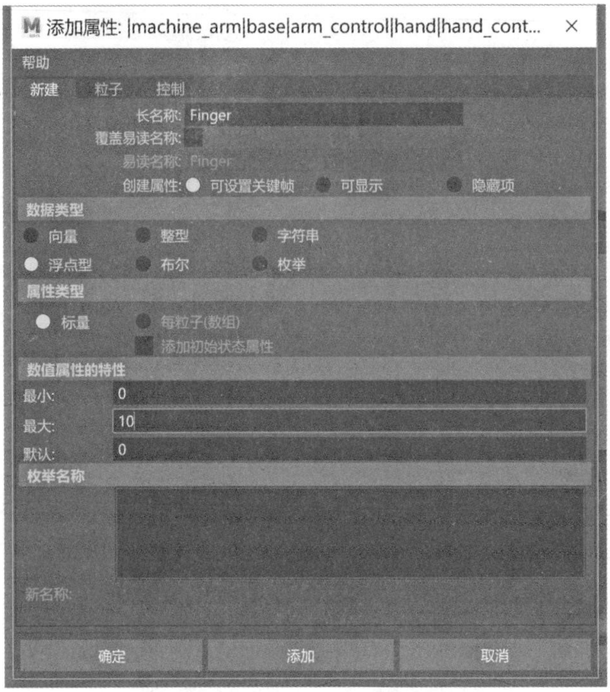

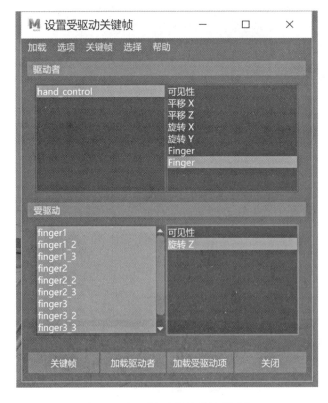

图 7-18　创建手指控制属性

图 7-19　使用驱动关键帧控制手指

图 7-20　控制效果

为手臂处的骨骼创建 IK 控制器，并将 IK 控制手柄点约束到上面的曲线上，如图 7-21 所示。

图 7-21　创建 IK 控制器

使用窗口＞常规编辑器＞连接编辑器，或者约束＞方向，将下面曲线的旋转属性与相应骨骼的旋转属性连接起来，上面曲线的旋转属性与手部的旋转属性连接起来，从而就可以用曲线的旋转来控制相应零件的旋转了。

这样我们就将机械手臂装配完毕了。

现在我们来制作动画。

如图 7-22 所示,创建一个球体,我们来制作机械手臂抓取球体的动画。

图 7-22   创建一个球体

1 帧的位置如图 7-22 所示。

22 帧与 27 帧使手臂移动到球体上方,我们让它有 3 帧的停顿,这样动画效果稍微好一点,之后其他帧操作都类似。如图 7-23 所示。

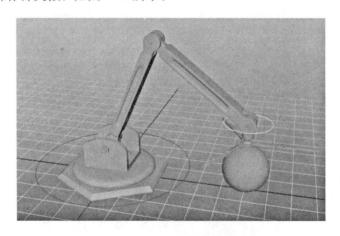

图 7-23   手臂移到球体上方

49 帧与 77 帧手指抓住球体,如图 7-24 所示。

这时我们将球体复制一个,并将新创建的球体使用约束>父对象约束到手掌上。

在 49 帧,原球的可见性属性为 On,新球为 Off;而在 70 帧,新球为 On,原球为 Off。这样我们就成功地实现 49 帧之前球与手臂无关,而 49 帧之后,球就随手臂一同运动的假象了。

在 70 帧与 77 帧将手臂抬起,如图 7-25 所示。

在 96 帧和 99 帧将手臂旋转，如图 7-26 所示。

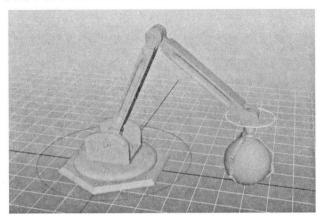

图 7-24　抓住球体

图 7-25　拿起球体

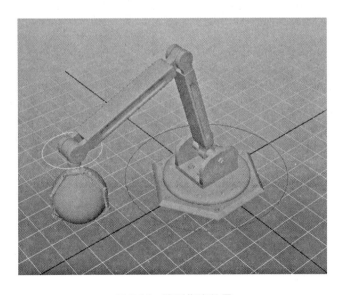

图 7-26　移到指定位置

在 118 帧和 121 帧将手臂放下。

将球体再复制一个,在大纲视图或 Hypergraph 里删除新球父对象约束节点。在 121 帧,原球的可见性属性为 On,新球为 Off;而在 122 帧,新球为 On,原球为 Off。

84 帧与 87 帧将手指打开,如图 7-27 所示。

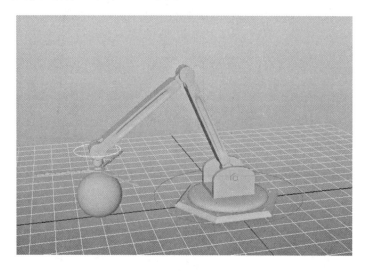

图 7-27　放下球体

168 帧将手臂抬起并收回,如图 7-28 所示。

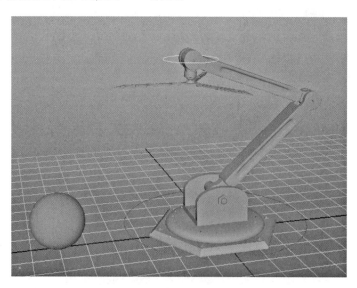

图 7-28　收回手臂

192 帧将手掌抬起,如图 7-29 所示。

这样我们的动画就完成了。

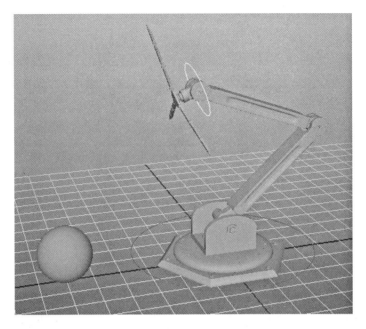

图 7-29　结束位置

7.4　同 步 测 试

　　某人创建了一个圆柱体,并创建了一个有多个关节的骨骼系统,但是绑定之后,无法通过骨骼移动来改变圆柱体的形状,请问可能是什么原因导致的?

第8章 材　质

8.1　材　质　基　础

8.1.1　贴图与材质属性

材质的视觉元素包含颜色（Color）、凹凸（Bumpiness）、透明度（Transparency）、自发光（Self-illumination）、运动模糊（Motion Blur）等。

选择窗口，点击渲染编辑器打开 Hypershade，创建一个 Blinn 材质，双击，会看到 Blinn 材质的相关属性，如图 8-1 所示。

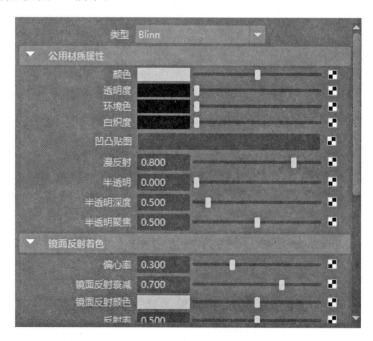

图 8-1　Blinn 材质基本属性

颜色（Color）：由红、绿、蓝三种属性组成，光线和反射光的色彩将会影响它的表面基本颜色。

凹凸(Bumpiness):该属性可以为表面添加浮雕效果,用纹理贴图改变表面的法线方向。

透明度(Transparency):白色表示透明,黑色表示不透明,其他表示半透明。

1. 使用颜色选择器

首先创建材质,打开材质的属性编辑器视窗,然后单击颜色属性旁边的颜色标签,把颜色选择器显示出来,最后选择颜色。如图 8-2 所示。

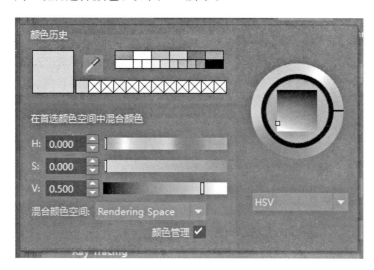

图 8-2 选择颜色

2. 映射纹理到颜色属性

创建一个材质并打开它的属性编辑器视窗,单击颜色属性旁边的"Map"按钮,则显示创建渲染节点视窗。如图 8-3 所示。

图 8-3 创建渲染节点视窗

创建任意的 2D 或 3D 纹理,则纹理的输出颜色属性将与材质的颜色属性相连。本例中,将其与 2D 纹理凸起(Bluge)相连,如图 8-4 所示。

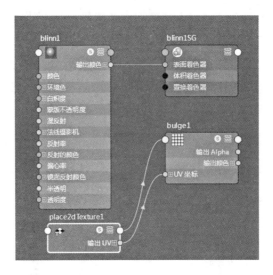

图 8-4   材质属性的连接

3. 映射文件纹理到颜色属性

（1）创建一个材质并打开它的属性编辑器视窗。

（2）单击颜色属性旁边的"Map"按钮，则显示创建渲染节点视窗。

（3）创建文件纹理，并将一个文件纹理节点与材质的颜色（Color）属性连接起来，在文件纹理节点的属性编辑器视窗中，单击文件夹按钮，在弹出的对话框中选择影像文件。如图 8-5 所示。

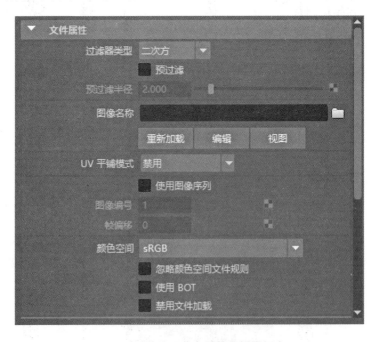

图 8-5   文件纹理节点属性编辑器视窗

4. 控制光泽度：高光与反射

光泽度可选择高光（Highlight）、高光颜色（Highlight color）、反射（Reflections）。具有

镜射（Specular）属性的材质（Anisotropic 材质、Blinn 材质、Phong 材质和 Phong E 材质）才有表面高光。镜射高光是材质上白色的光泽效果。

创建一个 Blinn 材质，打开材质的属性编辑栏，会看到有光泽度选项，如图 8-6 所示。

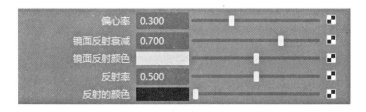

图 8-6　材质的属性编辑栏

创建一个镜射材质，打开它的属性编辑器视窗，调节镜面反射着色项中的属性来取得需要的高光效果，如图 8-7 所示。

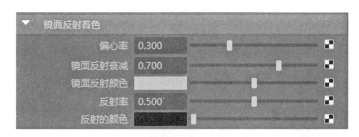

图 8-7　镜射材质属性

创建一个镜射材质，打开它的属性编辑器视窗。本例中创建一个 Blinn 材质，将创建的材质赋予球体。在镜面反射项中调节镜面反射颜色属性可以改变高光的颜色，方法同改变颜色的操作类似。

5. 凹凸贴图

为材质的凹凸贴图属性分配一个纹理。

打开 Hypershade，创建一个 Blinn 材质球，再创建一个凸起的 2D 纹理，将其与 Blinn 材质球凹凸贴图属性连接，再渲染，观察效果，如图 8-8 所示。

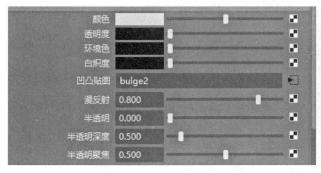

图 8-8　材质 2D 纹理与凹凸贴图连接图及效果

6. 创建折射

（1）在场景中创建一个球和一个平面，并将球放置在平面之前。创建灯光来照亮两个表面。

（2）创建镜射材质，如 Phong 或 Phong E 材质，然后将其分配给球。

（3）设置材质的透明度属性为白色。渲染后球体将是透明的，并且允许光线穿过其表面，光线将发生弯曲，并折射平面的表面。如图 8-9、图 8-10 所示。

图 8-9　材质的透明度属性

图 8-10　材质的透明度属性渲染图

（4）打开平面的属性编辑器视窗，在"渲染器统计信息"中确保打开"在折射中可见"选项（在创建新表面时默认此选项是打开的）。

（5）创建一种材质，将其分配给平面。此时透过球可以看到平面，但表面不会有折射。

（6）为平面添加一个 Checher 纹理，这样可以更清楚地观察到平面的折射。如图 8-11 所示。

图 8-11　平面的折射

（7）在渲染设置视窗的"光线追踪质量"中打开"光线跟踪"选项，Maya 会对任何打开"在反射/折射中可见"选项的表面进行射线追踪。

（8）在球的材质属性编辑器的"光线跟踪选项"视窗中打开"折射"，并设置如图 8-12 所示属性。

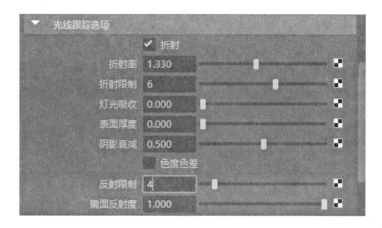

图 8-12　光线跟踪选项视窗

（9）测试渲染场景观察效果，如图 8-13 所示。

图 8-13　渲染效果

7. 创建表面辉光

（1）创建带有明显颜色（如红色）的材质，并将其分配给表面。

（2）创建一个灯光来照亮表面。

（3）打开材质的属性编辑器视窗，在"特殊效果"中，打开"隐藏源"选项，并调节"辉光强度"属性为 0.5。使用"隐藏源"选项在渲染时去除表面，但使用它的形状和颜色信息来创建辉光效果。设置及渲染后效果如图 8-14、图 8-15 所示。

图 8-14   辉光强度属性调节

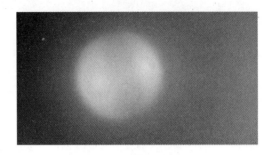

图 8-15   渲染效果

8．创建 3D 运动模糊

（1）创建材质，调节材质的颜色，并将其分配给物体表面。

（2）动画物体，并使其通过摄像机视图。

（3）打开 Render Globals 视窗，在 Anti-aliasing Quality 中，设置 Presets 项为 3D MotionBlur Production。

（4）在视窗的 Motion Blur（运动模糊）中，打开 Motion Blur 项，并设置 Motion BlurType 项为 3D。Blur By Frame（模糊帧间隔）项的数值决定了表面在视觉上移动速度的快慢，增加此项的数值会使表面看起来更模糊。

9．在一个渲染通道中创建 2D 模糊

（1）在 Render Globals 视窗的 Motion Blur 中打开 Motion Blur 选项。

（2）设置 Motion Blur 类型为 2D。

（3）在 Render Globals 视窗中调节 Motion Blur 属性。

（4）渲染影像。渲染的影像会被模糊，并被保存在/images 目录中。

10．在材质上实施纹理

标准纹理（Normal Textures）：覆盖整个物体表面，纹理就像包装纸一样把整个表面包围起来。

投影纹理（Projection Textures）：使用投影纹理的物体表面能产生立体化的纹理效果。

模板纹理（Stencil Textures）：使用模板纹理来创建表面上的"商标"效果是比较好的选择。

改变材质类型：打开材质的属性编辑器视窗，选择需要的材质类型。如图 8-16 所示。

11．蒙板（Stencil）

利用模板纹理，用户可以使用一个影像文件来作为表面纹理。它还可以控制遮罩（Mask）通道，甚至可以对影像文件中的颜色进行抠像。模板纹理可用于创建标签贴图，遮罩中的白色部分会隐藏材质的纹理或表面颜色；遮罩中的黑色部分是透明的，因此可以看到材质的

图 8-16　材质的属性编辑器视窗

纹理或表面颜色;遮罩中灰色的区域是半透明的,因此用户可以同时看到遮罩和材质的纹理或表面颜色。

(1) 在材质的属性编辑器中,单击"透明度"属性旁边的"Map"按钮。

(2) 在 Textures 标签中打开 As Stencil 项,在 Hypershade 目录中,创建 2D 纹理。然后在 2D Texture 部分创建一个 File 纹理,Maya 将创建连接有文件纹理的 Stencil 节点。如图 8-17、图 8-18 所示。

图 8-17　选择 2D Textures

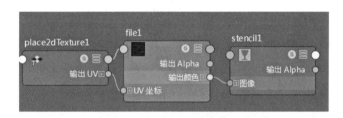

图 8-18　创建 File 纹理

(3) 在 File 纹理的属性编辑器中,单击 Image Name 属性右侧的文件夹按钮,在弹出的对话框中选择一个影像文件。文件的黑色部分将是透明的,而白色部分将是不透明的。如图 8-19 所示。

图 8-19　模板纹理效果

8.1.2 Hypershade 编辑器

1. 打开 Hypershade 编辑器

可以通过"窗口＞渲染编辑器＞Hypershade"访问 Hypershade 编辑器。

2. 材质的赋予

为表面实施材质：使用鼠标中键，从 Hypershade 视窗中拖动材质到视图中的物体表面上。

也可以先选择物体，然后右键材质，选择指定现有材质。

我们还可以为几个表面同时添加材质，步骤如下：

（1）在视图中选择多个表面。

（2）打开 Hypershade 视窗，在材质图标上单击鼠标右键，在弹出菜单中选择"Assign"（指定现有材质）命令，材质即被同时添加到多个表面之上。

3. 创建层材质网络

（1）打开 Hypershade 视窗，创建一个"分层着色器"表面材质。一个图标显示在 Hypershade 视窗中，但图标中并没有材质球，因为层材质中还没有层连接在其上。本例中，在层材质中使用了三个层来创建效果。

（2）打开层材质模板的属性编辑器视窗，单击"颜色"属性右侧的"Map"按钮，在弹出的视窗中选择 Phong E 表面材质，这就为第一个层分配了材质。Hypershade 模板视窗的材质图标中，显示出为层分配的表面材质。

（3）再次打开层材质模板的属性编辑器视窗，创建一个新层，并为层分配一个 Blinn 表面材质，单击"Layerd shade Attribute"选项。

（4）根据需要创建其他层。本例中，随便选择一个 2D 纹理中的栅格（Grid）纹理，最终得到的网络节点如图 8-20 所示。

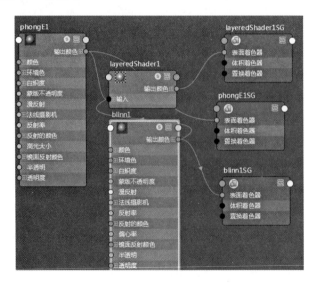

图 8-20　网络节点图

8.1.3　Maya 材质节点

在 Maya 中,各个材质的主要区别就是对高光的处理,不同的材质有着不同的高光效果。但这只是一个较大的区别,并不是全部,很多材质都有着它们自己才有的特性,这些都将在本节一一介绍。

1. 各向异性材质

各向异性材质在三维作品中并不是很常用的一种材质,但是由于它的特殊性,所以很适合表现一些不规则的反射。另外,它的高光可以根据角度大小来进行细致的调整,也就是说,现在看到的一个比较狭长的高光,可以自身进行一些旋转,这对于一些喜爱做动画的读者来说,也许正是一个创意的闪光点。

2. Blinn 材质

Blinn 材质的适用范围很广泛。一般情况下,极其强烈的高光在现实中是不大容易出现的,仔细观察一下自己周围的环境,由于空气中不规则颗粒所造成的折射以及视线的阻隔等一系列因素的影响,我们所看到的高光都或多或少地带有一些过渡的柔和边缘。这对于 Blinn 材质来说正好是强项。

Blinn 材质的高光柔和度可调节性很强,正因为如此它才具有普遍性。很多时候 Blinn 材质都被用在高光较为强烈的金属或是玻璃上面,在一些高光不是很强的如木制家具之类的物体上,也常常能见到它的身影。

3. Lambert 材质

这是 Maya 的默认材质。在创建一个模型以后,Maya 会自动地将这个模型指定为 Lambert 材质。

Lambert 材质也是应用很广泛的一种基本材质,由于它不会产生任何高光的特性,使得它在模拟一些表面比较粗糙的物体时有着很大的发挥空间。在现实世界中,如果仔细观察会发现有很多物体实际上是不带任何高光的,比如身上穿戴的布料衣服、绒帽,地上的岩石、砖头、瓦片,这些都是 Lambert 材质大显身手的地方。

4. 分层着色器材质

它的特殊之处在于它的编辑属性。

一般来说,一个物体表面上的质感都是分好几个不同层级的,而分层着色器材质就是把一个一个不同的材质叠加到模型上,从而创造出更加多变的材质。

刚刚建立的分层着色器材质虽然看上去只不过是一块绿色,但是它能够调节出来的效果却是惊人的,利用它来模拟物体上因岁月而产生的众多杂质是再合适不过的了。图 8-21 就是一个建立好了的分层着色器材质所表现出来的效果,当然这只不过是最简单的一种而已。

注意图 8-21 右侧红框中的设置,那里就是分层着色器材质层级设置的地方,越靠左边的材质越显示在整个物体的前面,右边的则反之。从下面的 Hypershade 面板中可以看到,这个分层着色器材质是由一个 Blinn 材质和一个 Lambert 材质叠加而得到的，而 Blinn 材质和 Lambert 材质的下面还有它们自己的子层级，如图 8-22 所示。

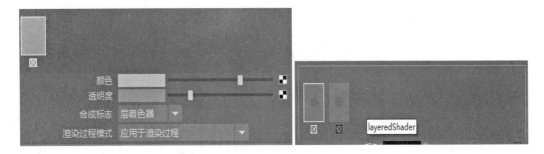

图 8-21　分层着色器材质

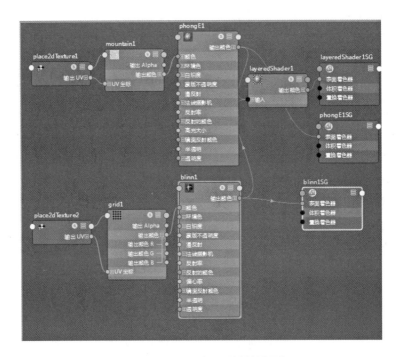

图 8-22　Hypershade 面板材质层级

从这个材质层级链接表不难看出，一个分层着色器材质的复杂程度可以说在其他所有材质之上，也就是说，想要调节出优秀的材质必须付出更多的劳动，这也是分层着色器材质的特点。

5．海洋着色器材质

海洋着色器材质，从字面上来看，就是海洋材质，实际上它也确实最适合制作海洋，以及其他一切带有波纹的水。

6．Phong 材质

Phong 材质与其他材质的显著区别就是极其强烈的高光。与其他材质对比就会发现，在材质都没有进行调整的时候，Phong 材质的高光是最强烈的，而且它的高光非常集中，边界的柔和度不高。Phong 材质由于其独特的高光，经常被用在塑料、金属等质感的处理方面。

7.Phong E 材质

从名字就可以看出来,它和刚刚介绍的 Phong 材质有一定的联系。但是对它们进行仔细对比后就会发现,Phong E 材质的高光比 Phong 材质要柔和一些。细心的读者会发现 Phong E 材质和刚才介绍的 Blinn 材质有着很多的相似之处,其实 Phong E 材质的高光比 Blinn 材质更为集中,边界也没有 Blinn 材质那么柔和。

Phong E 材质由于它边缘柔和中心强烈的高光,在适用范围上受到一些局限,但是它对于表现一些高光不太强烈但相对集中的质感依然有着一定的优势。

8.渐变着色器材质

渐变着色器材质并不是一个单一上色实体,它的所有属性都可以被设置为渐变效果。

图 8-23 就是渐变着色器材质的调节面板,右侧就是调节过渡色的地方,在颜色块中用鼠标单击一下,就会弹出一个新的颜色,以供调整使用。

图 8-23　渐变着色器材质属性栏

9.表面着色器材质

表面着色器材质由于其特殊性,不适合表现绝大多数物体的表面,但是很适合表现一些光感强烈的物体,例如亮度很强的白炽灯,甚至可以模拟太阳。

8.1.4　公共材质属性

以上介绍了基本材质中的常用材质,但要做出优秀的材质,还要对这些基本材质下面的属性进行调节。

创建一个基本材质以后,按下键盘上的 Ctrl＋A 键,会弹出所选择材质的属性面板,里面有很多的属性,可以对它们进行调节,以产生更多的变化。

如图 8-24 所示,可以看到,材质的属性被分为了好几个大的选项组,这些选项组的卷轴栏下面又分列着各自的小选项。

1.颜色

用于调节材质的基本颜色。刚刚创建出来的材质颜色是灰色的,通过颜色属性的调节,能够使基本材质的颜色发生变化。

点击一下"颜色"标题后面的颜色框,就会弹出一个颜色调节器,即可进行调节。如果想回到调节前的颜色,只需要在颜色历史中找到原来的颜色就可以了。

图 8-24   材质属性选项组

2．透明度

用于调节材质的透明度。黑色代表 100% 不透明，而白色代表完全透明，中间过渡的灰色越深则透明度越低，反之越高。

值得注意的是，它还可以用于调整模型的透明程度，但仅仅只限于模型本身，并不影响物体的高光、阴影以及其他一些参数的透明度。如图 8-25、图 8-26 所示是调节了红色球体透明度前后的不同效果，注意红色球体透明以后所透出来的背景，以及它本身的高光和阴影。

图 8-25   调节材质透明度前渲染图   图 8-26   调节材质透明度后渲染图

3．环境色

系统默认的环境色是纯黑色的，也就意味着不加任何环境色。环境色颜色的调节方法和前面的一样，单击颜色框，在弹出的颜色调节器里进行调节即可。

4．白炽度

其实就是调节材质自身亮度的属性，它的调节方法也是单击颜色框，弹出颜色调节器进行调节。

图 8-27 中两个球体的形状和材质都是一样的，不同的是右侧的球体加了"白炽化"的效果。图 8-28 是把场景中所有的灯光都隐去了以后渲染出来的效果。从中可以看出，在没有

灯光的情况下,右侧的球体依然能够显现出来。因为"白炽化"是均匀地散布光,所以渲染出来如同一张平面,没有任何立体感。

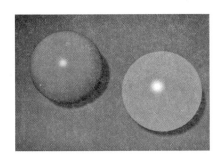 

图 8-27　加入"白炽化"的效果且有灯光渲染图　　图 8-28　加入"白炽化"的效果无灯光渲染图

5. 凹凸贴图

凹凸贴图是根据灰度值大小,使被指定材质的物体表面产生凹凸不平的效果,灰度值高的地方会产生凹进去的效果。它没有颜色调节框,后面只有一个标有黑白格子的贴图按钮,所以它只能用贴图的方法来模拟出凹凸效果。

6. 漫反射

漫反射用于调节物体表面对光的反射,它对于提高物体的亮度和饱和度有帮助作用,但它并不是改变所有的亮度,而只是改变中间的过渡色。默认值是 0.8,可以对其进行调节。使用滑杆只能调节为 0~1 之间的数值,如果要调节为大于 1 的数值则必须手动输入数值,然后按下键盘上的回车键确定。

7. 半透明

这也是一种很特殊的材质属性,它主要用于树叶、蜡烛、窗帘之类的半透明物体,可以模拟出透光的效果。半透明属性下面有两个子参数:半透明深度和半透明聚焦。

如图 8-29 所示是加入"半透明"前后的不同效果,可以看到蜡烛把背投灯光显现了出来。

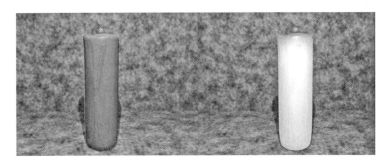

图 8-29　加入"半透明"前后渲染对比图

8.1.5　纹理节点

贴图的作用在前面的练习中已经体现出来了,它们主要是在材质上添加各种各样的纹理图案,以及进行颜色、高光、亮度等属性的模拟,甚至改变模型自身的形状和形态(比如Bump 凹凸贴图)。它们的存在,给了模型不同的质感甚至细节,它们是一件优秀三维作品中必不可缺的元素,掌握它们并熟练使用,不仅是必要的,也是必须的。

1. 2D 纹理

(1) 凸起(Bulge)贴图

这是由一格一格的小方块和它们之间的分界线所组成的贴图类型,小方块和分界线之间的过渡很柔和。

Bulge 在很多时候都被用作材质的凹凸贴图,它柔和的边界使凹凸过渡很柔和。但有时候针对它的某些特殊属性进行调节,也会出现一些意想不到的效果。图 8-30 就是调节了Bulge 贴图坐标中的"旋转 UV 坐标"(Rotate UV)和"UV 坐标杂点"(Noise UV)属性以后所显示出来的效果。

图 8-30　调节 Bulge 贴图属性效果

(2) 棋盘格(Checker)贴图

它是由黑、白两种颜色的方格组成的贴图形式。从表面来看颇像国际象棋中的棋盘,这也是它名字的由来。棋盘格(Checker)贴图由于它交错的方格排列方式,很适合于表现地板砖,以及其他一些近似的效果。也可以将两种方格换成其他颜色或者其他纹理,然后进行一些柔和处理,做出比较复杂的纹路。

(3) 文件(File)贴图

文件(File)贴图是使用一张数字图片作为贴图指定给物体。它的使用方法是:创建一个File 贴图文件以后,单击贴图文件属性面板中"图像名称"后面的文件夹小图标,找到需要使用的贴图文件,也可以在"图像名称"属性后面的输入栏中输入贴图文件所在的路径。

(4) 分形(Fractal)贴图

Fractal 直接翻译过来就是不规则碎片的意思。分形(Fractal)贴图在很多时候都不会被用作材质的颜色贴图,即便有也是做烟雾熏烧的质感时才用得到。绝大多数的时候,它都被用来作材质的凹凸贴图,模拟出一些不规则的凹凸质感,下面所做的矿石练习就是用它来模拟出石头的凹凸质感的。如图 8-31 所示。

图 8-31 分形贴图效果

（5）栅格（Grid）贴图

这也是一个由小方块和分界线所组成的贴图类型。Grid 贴图有些类似于刚刚讲到的凸起贴图，但经过比较会看到，栅格贴图不像凸起贴图那样有柔和的过渡。一般它作为 Color 贴图的用途不是很大，但在制作凹凸贴图的时候很适合于表现瓷砖间隙的凹凸。

（6）山脉（Mountain）贴图

山脉（Mountain）贴图很适合表现山脉上面的质感，而且配上凹凸贴图增加了整体的凹凸感以后效果会更加的逼真。

其实，它作为颜色属性的贴图，经过一些细微的调整，还可以表现出一些其他的质感，例如鹌鹑蛋表面的质感，如图 8-32 所示。这是将振幅值调到了 0.4 以后显现出来的效果。

图 8-32 山脉贴图制作鹌鹑蛋

（7）影片（Movie）贴图

这是为了制作动画而使用的连续贴图。它可以将连续的图片导入场景，然后进行播放，很适合制作正在播放的电视机屏幕的贴图。它可以导入一般的视频格式，导入的方法和 File 贴图是一样的，即单击文件属性面板中"文件名称"后面的文件夹小图标，然后选择文件路径即可。

（8）噪波（Noise）贴图

这是一个表现不规则杂点的贴图类型。其实很多贴图类型中都包含这种"不规则"，例如分形（Fractal）贴图、山脉（Mountain）贴图。如果仔细观察就会发现，Noise 贴图是由大小不一的杂点组成的，这是它和其他贴图本质的区分，而且它的杂点大都为圆形。

（9）水（Water）贴图和海洋（Ocean）贴图

这两个都是制作水的贴图，因此将两个贴图类型放在一起进行对比说明。海洋（Ocean）贴图较之于水（Water）贴图平缓但富于变化，水（Water）贴图各个色调之间对比度较强。

（10）渐变（Ramp）贴图

这是一种制作渐变效果的贴图类型。建立一个渐变（Ramp）贴图类型以后，系统自动默认的是蓝、绿、红的渐变效果。

（11）布料（Cloth）贴图

显然，这种贴图最主要的作用就是制作布料效果。布料材质的纤维感很强，对其密度进行一些调节就可以模拟出布料的质感。

2．3D 纹理

3D 纹理（三维贴图类型）的使用方法与 2D 纹理（二维贴图类型）是基本一致的，都是作为材质属性的贴图进行编辑和操作的。

（1）布朗（Brownian）贴图

大多数情况下，布朗（Brownian）贴图都被用来制作材质的凹凸属性的贴图，能产生较强的喷涂效果，可以把它看作是三维的噪波贴图类型。它的大小不一、时断时续的点可以使物体表面产生很强的颗粒感，从而达到令人满意的效果。

（2）凹陷（Crater）贴图

这是一种不同的颜色混合在一起的贴图类型。凹陷贴图创建的原始状态是由红、绿、蓝三种颜色进行混合的。如图 8-33 所示是凹陷贴图加上了一些凹凸贴图后的效果。

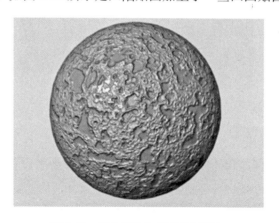

图 8-33　混合颜色加凹凸贴图效果

对凹陷贴图进行一些调整会出现一些与众不同的效果，如图 8-34 所示，就是用凹陷贴图来模拟天空的效果。

图 8-34 凹陷贴图模拟天空效果

（3）大理石（Marble）贴图

它是模拟天然大理石的贴图类型。它的默认状态如图 8-35 所示，右边是调节了一些参数后表现出来的质感。

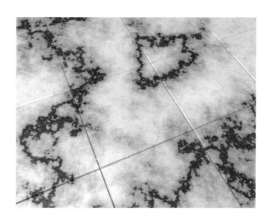

图 8-35 大理石贴图模拟大理石效果

（4）岩石（Rock）贴图

这是模拟岩石的一种贴图纹理。可以调节它表面上的颗粒数量及大小，将它用于凹凸属性的贴图，可以比较轻松地模拟出岩石表面由于风吹日晒而出现的颗粒感。

（5）雪（Snow）贴图

这是一种分为上、下两种颜色的贴图类型。如图 8-36 所示，中间的图是默认的雪（Snow）贴图，右图是赋予了模型的岩石（Rock）贴图，看它的反光确实出现了一些其他贴图中不可能出现的效果，尤其是顶部发白，如果运用到山脉的模型上面确实能出现一种积雪的效果。

（6）均值分形（Solidfractal）贴图

这也是一个用来制作不规则纹理的贴图类型，适合于模拟自然的污痕。由于它的纹理有虚化的边缘，因此也很适合表现一些烟雾甚至烟熏过的状态。而它作为凹凸贴图也是有着很强的作用的。如图 8-37 所示，中图是默认的均值分形（Solidfractal）贴图，右图是指定给模型的均值分形（Solidfractal）贴图，稍微加了一些发光的特效。

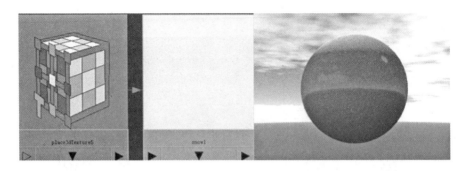

图 8-36　雪贴图

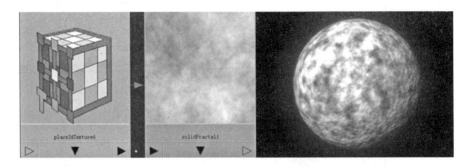

图 8-37　均值分形贴图

（7）体积噪波（Volume Noise）贴图

可以看作是三维贴图类型中的噪波（Noise）贴图纹理。大量无规则分布的杂点的特点，使它经常被用在凹凸贴图的属性栏上。用它来模拟表面比较密集的凹凸颗粒感极其合适，甚至可以将它的颗粒密度调高，模拟不锈钢表面的轻微颗粒感。如图 8-38 所示，中图是默认的体积噪波（Volume Noise）贴图，右图是指定给模型的体积噪波（Volume Noise）贴图，可以仔细地观察一下它的颗粒感。

图 8-38　体积噪波贴图

（8）木材（Wood）贴图

这是用来模拟木纹质感的一种贴图纹理。它的可调节参数很多，甚至可以根据设定的树木年龄调节木头的质感。在制作一些高分辨率的图像时，它作为软件内部的程序贴图是经常被用到的。如图 8-39 所示，中图是默认的木材（Wood）贴图，右图是指定给模型的木材

（Wood）贴图。

图 8-39　木材贴图

（9）云（Cloud）贴图

它可以模拟天空中云彩的效果，或是用来模拟其他的一些烟雾效果。它的互动性很强，不一样的参数设置能够变化出多种不同的形态。如图 8-40 所示，云贴图刚刚创建出来时就是云彩的样子，如中图所示；一般来说，云贴图是配上环境天空（Env Sky）环境贴图来进行使用的，这会使得它的效果更加接近于真实，右图就是这样创建出来的。

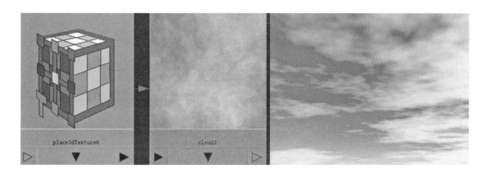

图 8-40　云贴图

8.1.6　Maya 的工具与颜色节点

1．双面材质、双面贴图

首先分析一下双面材质和双面贴图的异同点：双面材质使用的是两个材质节点（Materials）和两个贴图节点（Textures）；双面贴图使用的是一个材质节点（Materl）和两个贴图节点（Textures）。

下面先举例创建一个双面贴图：

在 Hypershade 视窗中，创建一种 Blinn 材质、一个采样器信息工具（Sampler Info Utility）、一个条件工具（Condition Utility）、一个棋盘格（Checker）纹理、一个山脉（Mountain）纹理。采样器信息工具提供了在渲染过程中所需的摄像机和表面信息，条件工具可让用户设置 NURBS 的表面使用的纹理。如图 8-41 所示。

再把 Phong 材质分配给 NURBS 表面。

在 Hypershade 视窗中，拖动棋盘格纹理到条件工具图标之上来打开 Connection Edi-

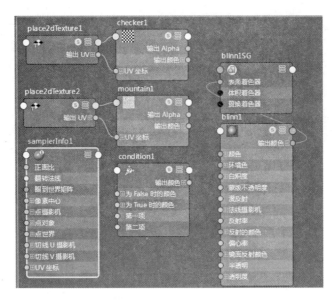

图 8-41　Hypershade 视窗

tor（连接编辑器）视窗。

在连接编辑器视窗中，把棋盘格纹理的输出颜色（Out Color）属性和条件工具的 Color 属性进行连接。

使用鼠标中键拖动把山脉纹理的 Out Color 属性和条件工具的 Color 2 属性进行连接。

在 Hypershade 视窗中，使用鼠标中键拖动采样器信息工具到条件工具图标之上，打开连接编辑器视窗。

在视窗右侧单击"Flipped Normal"属性，然后在视窗的左侧单击"First Term"属性，则两个属性连接在一起。如图 8-42 所示。

图 8-42　连接编辑器视窗

在 Hypershade 视窗中，使用鼠标中键拖动条件工具图标到 Blinn 材质图标之上，从弹出菜单中选择 Color 项。最终得到的网络节点如图 8-43 所示。

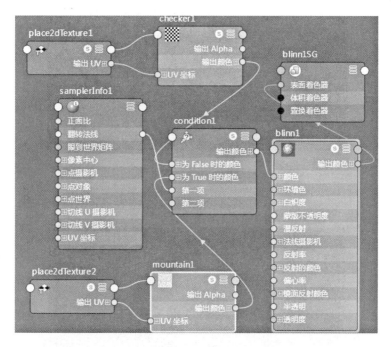

图 8-43　网络节点

进行测试渲染，在物体的每一面都有不同的纹理，如图 8-44 所示。

图 8-44　渲染图

以上是双面贴图的做法，下面再介绍双面材质的做法：

基本过程差不多，只是多了一种材质以及材质的连接方式不一样。下面直接给出双面材质的网络节点图，如图 8-45 所示。

渲染后的图像如图 8-46 所示。

认真观察可以发现，外表面没有表面高光，内表面有表面高光，内、外有两种不同的材质。

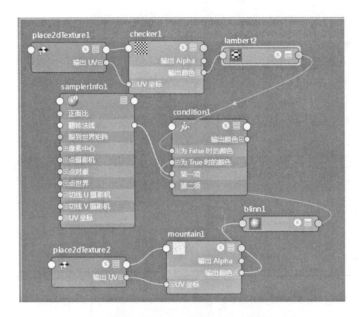

图 8-45　双面材质的网络节点图

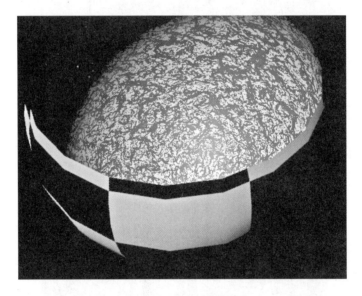

图 8-46　渲染后的图像

2．交换双面材质纹理

在 Hypershade 视窗中，双击条件工具的图标打开属性编辑器视窗。

在条件属性部分中，改变"运算"属性为"不等于"（如果已经是"不等于"，则将其变为"相等"），如图 8-47、图 8-48 所示。

进行测试渲染，可以看到物体两个面上的纹理发生交换，如图 8-49 所示。

3．置换材质

Maya 中的渲染节点大致由材质（Materials）、纹理（Textures）、灯光（Lights）、效用工具（Utilities）组成。

运算	相等	▼		
为 True 时的颜色	0.000	0.000	0.000	▨
为 False 时的颜色	1.000	1.000	1.000	▨

图 8-47　改变 Operation 属性图 1

运算	不等于	▼		
为 True 时的颜色	0.000	0.000	0.000	▨
为 False 时的颜色	1.000	1.000	1.000	▨

图 8-48　改变 Operation 属性图 2

图 8-49　渲染效果图

Materials(With Shading Group)(含有着色组的材质)中，Shading Group 含有三种类型的材质:Surface Material(表面材质)、Volume Material(体积材质)、Displacement Material(置换材质)。下面先介绍置换材质。

Displacement(置换):利用纹理贴图来修改模型,改变模型表面的法线,修改模型上控制点的位置,增加模型表面细节。Displacement 的效果和 Bump(凹凸)的效果有时比较类似,但又有所区别。Bump 效果只是模拟凹凸效果,修改模型表面的法线,但不修改模型上顶点的位置。区别 Displacement 和 Bump 的不同,主要是查看模型的边缘是否发生变化。置换材质和 Bump 最大的不同点就是,置换贴图会改变物体的外形,但是 Bump 不会。所以如果物体边缘需要更细致的模型变化,置换贴图将更符合要求。但是置换贴图会产生更多的点面数,所以在渲染上也需要更长的时间。前面也介绍了,置换贴图是贴在 Shading Group 节点上的,而非材质节点上,另外在 Shading Group 上并没有调整置换贴图高度的数值,所以需要使用贴图上的 Alpha Gain 来控制。图 8-50 是两种材质的节点连接方式,上面为置换材质,下面为 Bump 模拟凸凹效果;图 8-51 为分别赋予两表面后,得到的渲染效果,左边为置换材质,右边为 Bump 模拟凸凹效果,实际上两球的模型大小是一样的。

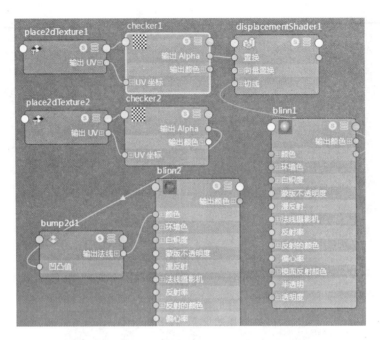

图 8-50　置换材质网络节点图

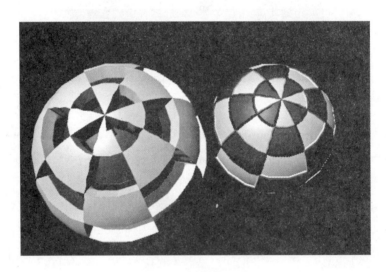

图 8-51　渲染效果图

　　Displacement 的使用方法是直接把纹理贴图用鼠标中键拖曳到相应的 Shading Group 的 Displacement Mat 之上,Maya 会自动创建 Displacement 节点。还有一种方法是手动创建 Displacement 节点,然后把纹理的 Out Alpha 属性连接到 Displacement 节点的 Displacement 属性上,然后再把 Displacement 节点用鼠标中键拖曳到相应的 Shading Group 上,或者用鼠标中键拖曳到相应的 Surface Material 上(如 Blinn、Lambert 等),在弹出的菜单中选择"Displacement Map"命令,Maya 同样会自动将 Displacement 节点连接到相应的 Shading Group 上。

4. 体积材质

体积材质主要用于创建环境的气氛效果。如图 8-52 所示。

图 8-52　体积材质

Env Fog(环境雾)：它虽然是作为一种材质出现在 Maya 对话框中，但你使用它时最好不要把它当作材质来用，它相当于一种场景，可以将 Fog 沿摄影机的角度铺满整个场景。

Light Fog(灯光雾)：这种材质与环境雾的最大区别在于它所产生的雾效只分布于点光源和聚光源的照射区域范围中，而不是整个场景。这种材质十分类似 3D Studio Max 中的体积雾特效。

Particle Cloud(粒子云)：这种材质大多与 Particle Cloud 粒子云粒子系统联合使用。作为一种材质，它有与粒子系统发射器相连接的接口，既可以生成稀薄气体的效果，又可以产生厚重的云。它可以为粒子设置相应的材质。

Maya 体积材质与体积纹理的区别：

Volume Fog(体积雾)：它有别于 Env Fog，可以产生阴影化投射的效果。

Volume Shader(体积材质)：这种材质表面类型中对应的是 Surface Shader(表面阴影材质)，它们之间的区别在于 Volume Shader 材质能生成立体的阴影化投射效果。

5. 采样器信息(samplerInfo)

samplerInfo 节点的功能主要是进行表面取样，为渲染点进行采样，提供空间位置、表面切线方向、UV、法线方向等多项信息。一般配合渐变节点 Ramp 或者 Blendercolor 使用，用于模拟真实的玻璃、塑料等半透明材质所具有的菲涅耳效应。

图 8-53　玻璃材质效果

samplerInfo 节点的属性：

Point World（世界空间点坐标）：提供采样点在世界坐标系中的 X、Y、Z 坐标信息。

Point Obj（物体空间点坐标）：提供采样点在物体自身坐标系中的 X、Y、Z 坐标信息。

Point Camera（相机空间点坐标）：提供采样点在摄像机坐标系中的 X、Y、Z 坐标信息。

Normal Camera（相机空间法线方向）：提供采样点处表面与摄像机的关系。

UV Coord（UV 坐标）：采样点的 UV 坐标，范围值为 0,0~1,1。

Ray Direction（射线方向）：提供一个向量，由采样点到摄像机的位置。

Tangent U/V Camera（相机空间 U/V 向切线）：提供物体表面 U、V 的切线方向。

Pixel Center（像素中心）：提供采样点在渲染图中的像素位置，结果与图像无关，与几何体无关。

Facing Ration（面比率）：表面法线与摄像机方向的夹角信息，参数值范围是 0~1，正对摄像机的表面得到的值为 1，与摄像机视线相切的表面部分得到的值为 0。

Flipped Normal（翻转法线）：提供采样点处表面法线信息，是向内还是向外。此参数值只取 0 和 1，常用来制作双面材质。

对玻璃材质进行模拟时，与摄像机夹角不同的点具有不同的透明度，我们可以将 ramp 节点的 outcolor 属性（或者 blendercolor 节点的 outcolor 属性）和材质的透明属性连接在一起。在 Maya 中，通道里面黑色对应不透明，白色对应透明，玻璃等物体正对摄像机的部分是全透明的，samplerInfo 节点的 facingratio 属性在正对摄像机的位置采到的值为 1，对应到 ramp 色带中就是白色，而玻璃等物体边缘与摄像机视线相切的部分是不透明的，取值 0，对应为黑色，这样，玻璃等物体的表面从中间到边缘形成了一个透明到不透明的过渡。

玻璃材质的反射属性也是正对表面和边缘不同，边缘的反射要强于正对表面的反射强度，所以我们也可以用 samplerInfo 来为反射属性取样。

以下玻璃材质的制作中，将 samplerInfo 节点的 facingratio 属性连接到 blendercolor 节点的 outcolor 属性，并将 output 输出到玻璃材质球的颜色（Color）、环境色（Ambientcolor）、透明度（Transparency）属性，如图 8-54 所示。

8.1.7　雾、烟、尘土等背景环境的创建

背景是场景中显示在前景对象之后的对象。用户可以将背景作为对对象进行建模和动画处理的临时参考。环境纹理以一系列的图像文件（EnvBall、EnvCube、EnvSphere）或者计算机图形处理程序（EnvChrome 和 EnvSkytextures）来模拟 3D 空间。当拍摄对象时，对象总处于一定的环境（空气）之中，并被其他对象（背景）所包围。在 Maya 场景中，用户可能只希望对前景对象建模，对背景只需要进行二维描绘。在背景中，用户也可以模拟包围前景对象的大气效果。当然也可以用体积纹理或材质来创建大气环境，请参考体积材质相关内容。

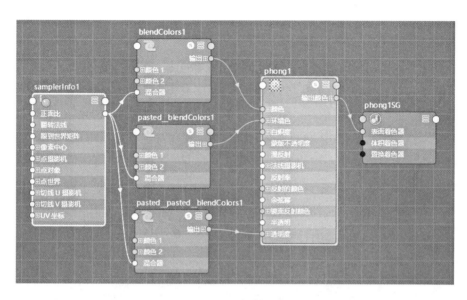

图 8-54　玻璃材质

　　一般用户在黑色背景下渲染对象,然后再将渲染后的图像和适当的背景用合成软件进行合成,但是有时用户也需要在 Maya 中创建背景,或者将其作为对对象建模和动画处理的参考(例如检测器和运动匹配),或者不使用合成软件。

　　在 Maya 中创建背景时,背景是和特定的摄像机对应的。当用户从一个摄像机渲染一个场景时,背景就包含在渲染图像中。从不同的摄像机渲染,背景不会包括在内。

1. 创建颜色背景

　　一个颜色背景是以纯色填充背景。

　　颜色背景可在摄像机的属性编辑器(视图＞摄像机属性)的"环境"部分设置,如图 8-55所示。

图 8-55　设置颜色背景

2. 创建纹理背景

　　纹理背景是在一个图像平面上用 2D、3D 或环境纹理来模拟 3D 背景或环境。图像平面是指位于特定摄像机之前面向摄像机的平面。

3. 创建影像文件背景

　　影像文件背景在一个图像平面上使用一个影像文件、一系列的影像文件或动画文件来作为背景。在一个场景中,用户可以创建一个或多个影像文件背景。注意在创建影像文件背景之前,用户应该设置摄像机和摄像机视图,使其尽可能地匹配拍摄背景影像的摄像机。静止影像文件背景使用一个静止的影像文件来作为背景。在动画过程中,背景影像是不会发生变化的。

下面创建一个静止的影像文件背景：

打开摄像机的属性编辑器视窗，在"环境"（Environment）选项中，单击"图像平面"属性旁边的"创建"按钮，Maya 会创建一个图像平面，并将其连接到摄像机之上。

设置图像平面的"类型"属性为图像文件。

单击"图像名称"属性旁边的"文件夹"按钮，一个文件浏览器显示出来。

在弹出的对话框中选择要作为背景的影像文件，单击"打开"按钮，Maya 会把图像文件与影像平面连接起来。

连接后，选择工作区菜单"面板＞沿选定对象观看"，观察效果，如图 8-56 所示。

图 8-56　创建静止文件背景效果图

4. 大气

大气描述了场景中环绕物体周围的空气中的一些粒子效果（如雾、烟或灰尘）。这些粒子会影响大气外貌，并且会影响物体在大气中的显示。在 Maya 中，我们可以使用"环境雾"来模仿大气粒子的效果。如果要模仿空气中的粒子被指定的灯光照亮的效果，可以使用"灯光雾"。

用户可通过创建一个环境雾节点来创建环境雾。

创建环境雾：使用"渲染设置"命令打开"渲染设置"视窗，在"渲染选项"中，单击"环境雾"属性旁边的"Map"按钮，Maya 会自动创建一个环境雾和环境雾灯光节点（一个环境灯光）。

在 Maya 中，用户可以通过设置环境雾节点的属性来控制其效果。

颜色：调节"颜色"属性，可以改变环境雾的颜色。如图 8-57 所示。

基于颜色的透明度：调节"颜色"属性和"饱和度距离"属性，可以改变环境雾的透明度。为了使被环境雾所模糊的物体显示为平坦的轮廓，可以关闭环境雾节点的"基于颜色的透明度"属性。

图 8-57 改变环境雾的颜色

剪裁平面：为了使环境雾充满指定的区域（从摄像机开始的两倍距离所定义的区域），可设置"距离剪裁平面"属性为"雾近/远"，并调节"雾近距"和"雾远距"属性。如图 8-58 所示。

图 8-58 调节剪裁平面

垂直范围：为了使环境雾充满一个垂直的区域，可打开"使用高度"属性，并调节"最小高度"和"最大高度"属性；为了使雾的边缘逐渐变得稀薄，可调节"混合范围"属性。如图 8-59 所示。

图 8-59 调节垂直范围

层：为创建环境雾里不同密度和颜色的效果，可打开"使用层"属性，并为"层"属性实施一个纹理（为了看到效果，用户可能需要限制深度范围并增加 Volume Samples 项的数值）。

8.2 材质贴图：树叶

以下将通过一个制作树叶的案例来了解透明贴图。

使用 EP 曲线工具，绘制树叶的轮廓线，使用放样造型构建树叶模型。注意为了让轮廓线在放样之后，不会产生漏洞或缝隙，需要按住 X 键进行网格捕捉。如图 8-60 所示，通过复制和镜像，创建了两条轮廓线。由于树叶不是一个平面，所以还需要第三条轮廓线。进入前视图,在两轮廓线中间绘制一条曲线,使曲线端点跟另外两条曲线的端点重合,如图 8-61 所示。最后对三条曲线进行大致调整,使整体轮廓更符合树叶形状。

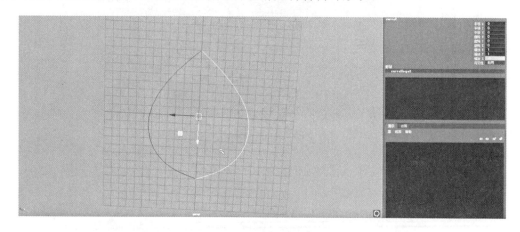

图 8-60　两条轮廓线

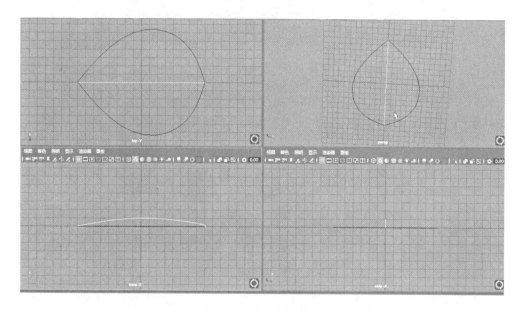

图 8-61　第三条轮廓线

回到透视图,依次选中三条曲线,执行放样,翻转曲面方向,得到如图 8-62 所示的放样造型。

对树叶来说,一般采用亚光材质 Lambert,我们需要把树叶的贴图导入到模型上。在 Lambert 材质的"颜色"属性后点击 Map 按钮"▦",并选择文件节点,如图 8-63 所示,找到树叶贴图文件,这里有几个不同的图像文件类型。选中 jpg 文件,在场景视图中按下数字键 6,进入材质效果预览,如图 8-64 所示。此时可以看到,虽然树叶的贴图贴在模型上,但是贴图边缘白色的区域也呈现出来,需要做一定处理。断开颜色链接,重新选择 png 文件导入。png 格式图片是在 Photoshop 里经过抠像处理之后支持背景透明的一种文件格式,导入 png 格式图片后,进入预览模式,如图 8-65 所示,现在贴图的边缘区域自动变为透明。

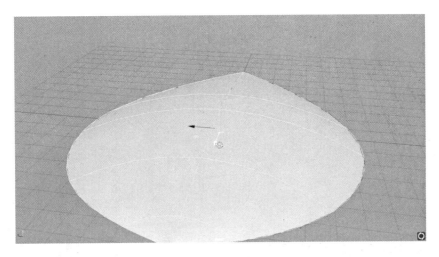

图 8-62　树叶放样造型

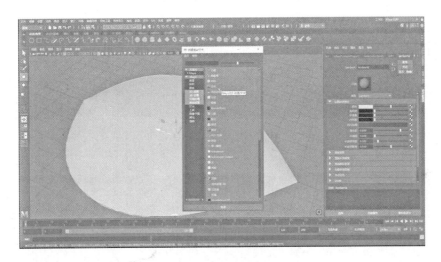

图 8-63　导入贴图文件

图 8-64　jpg 文件贴图效果

图 8-65　png 文件贴图效果

　　此外,有时制作出来的树叶和贴图的方向不一致,此时需要调整旋转帧。旋转帧调整到 180°,贴图就会以相反的方向贴在树叶上。如图 8-66 所示。

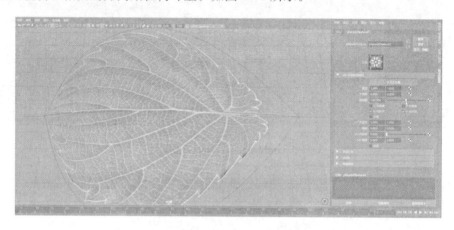

图 8-66　调整贴图方向

8.3　材质贴图:地球

　　上一节树叶的案例是以二维的方式映射在曲面上,接着我们通过制作一个地球模型,了解三维贴图映射。

　　制作一个地球的造型。创建一个曲面球体,赋予 Lambert 亚光材质。对于球体来说,不能简单地以平面的方式把贴图贴在这个球的表面上,如图 8-67 所示,如果直接贴上平面贴图,很难有好的效果。

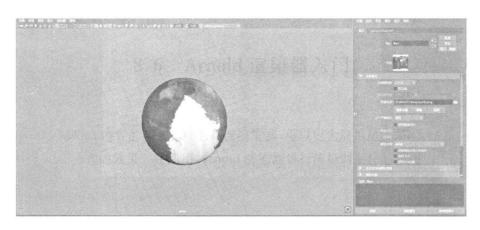

图 8-67　直接导入贴图

为了让地球的贴图能够正确地映射在球面上,需要使用等距圆柱贴图。等距圆柱贴图,即把球面上的每一个点都投影到外切圆柱体的表面而得到的贴图,如图 8-68 所示,一般的世界地图都是等距圆柱贴图。

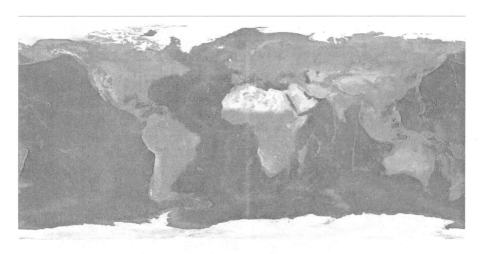

图 8-68　等距圆柱贴图

此时需要一个投影节点,来完成三维映射。在 Lambert 材质的"颜色"属性后点击 Map 按钮"▦",创建渲染节点,点击"工具>投影",把它的投影类型切换为球形,然后导入等距圆柱贴图文件。步骤如图 8-69 所示,效果如图 8-70 所示。

注意有时贴图不能合适放置,此时点击图 8-69 中的"交互式放置"以及"适应边界框",就可以将贴图正确地映射在球的表面上。

为了进一步实现地球表面的凹凸效果,我们还需要使用凹凸贴图。如图 8-71 所示,在"凹凸贴图"属性后点击 Map 按钮"▦",同样选择投影节点,把投影的方式改为球形,点击"交互式放置"以及"适应边界框",导入代表地球表面凹凸程度的灰度图,如图 8-72 所示,亮的区域代表比较高的地形,暗的区域代表比较低的地形。在渲染视图中可看到最终贴图效果,如图 8-73 所示。

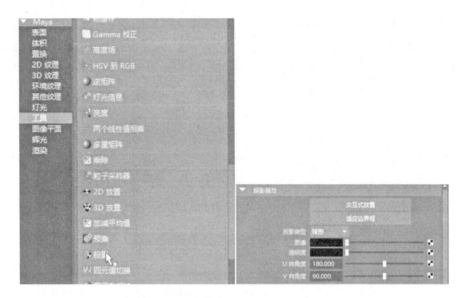

图 8-69　选择投影节点并切换投影类型为球形

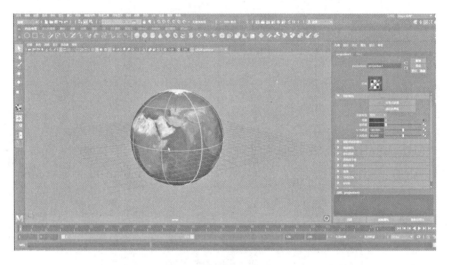

图 8-70　贴图效果

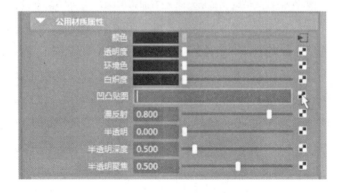

图 8-71　添加凹凸贴图节点

图 8-72　地球表面灰度图

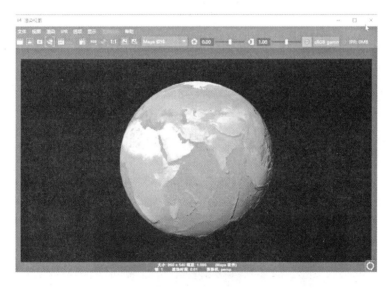

图 8-73　凹凸贴图效果

8.4　材质贴图：可乐罐

我们接着来了解另外一种非常重要的贴图映射方式——圆柱形映射，本案例将制作一个可乐罐造型。

使用旋转造型方法制作出可乐罐，并选择其上、下分界线处的等位线，执行"曲面＞分离"命令，将需要贴图的圆柱形罐体部分分离出来，并赋予其 Blinn 材质。如图 8-74 所示。

图 8-74　旋转造型制作可乐罐

在 Blinn 材质的"颜色"属性后点击 Map 按钮"⬛"，在弹出的对话框中选择工具下面的投影节点，然后在"投影属性"面板里选择投影类型为"圆柱形"。如图 8-75 所示。

图 8-75　选择投影节点

图 8-75　选择投影类型

点击"适应边界框"，此时会出现一个对话框，如图 8-76 所示，点击"创建一个放置节点"按钮，创建节点。

图 7-76　创建放置节点

在"投影属性"（projection）里点击"图像"属性后面的 Map 按钮"![]"，如图 8-77 所示。

图 8-77　点击 map 按钮

选择"文件"节点，选择可乐罐贴图文件，如图 8-78 所示。

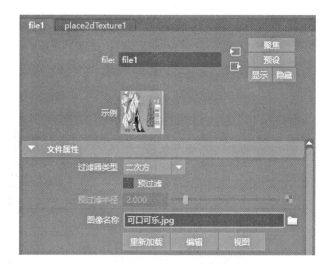

图 8-78　导入可乐罐贴图文件

渲染结果如图 8-79 所示。

图 8-79　最终效果

8.5　UV 划分与贴图案例：飞行器

模型建立后，我们就可以对模型进行 UV 划分和贴图了。

建立一个多面体模型时，要给它赋予材质及纹理，首先要对它的 UV 进行编辑。而编辑 UV 要在 UV 纹理编辑器窗口中通过移动、旋转、缩放等一系列操作，让纹理放置在表面合理的位置。我们可以通过 UV 纹理编辑器命令查看模型的 UV 分布。如图 8-80、图 8-81 所示。

图 8-80　UV 纹理编辑器

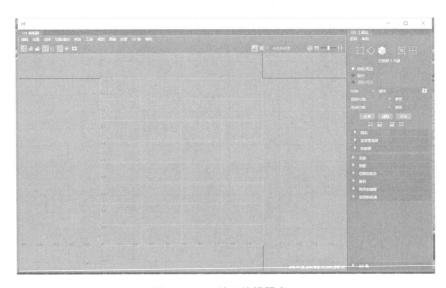

图 8-81　UV 纹理编辑器窗口

Maya 提供了 5 种基本映射，分别是平面映射、圆柱形映射、球形映射、自动映射和基于摄影机创建 UV，如图 8-82 所示。

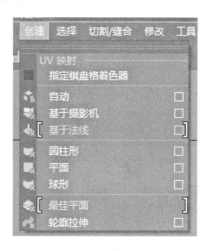

图 8-82　基本映射

接下来我们可以对飞行器的 UV 进行编辑。针对不同形状的部分我们需要合理应用不同的映射方法。我们以飞行器中的导弹部分为例，介绍 UV 编辑中的工具和基本操作。

选中导弹后，我们可以对导弹进行自动映射。如图 8-83、图 8-84 所示。

图 8-83　自动映射属性设置

映射出的 UV 线如图 8-85 所示。

接下来我们需要缝合 UV，使贴图的制作更为简单。但是因为导弹贴图较为简单，这里我们可以不必花费太多的时间缝合 UV。缝合 UV 我们以飞行器的尾翼来举例。

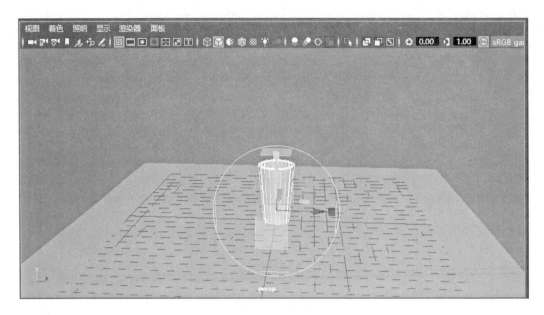

图 8-84　自动映射

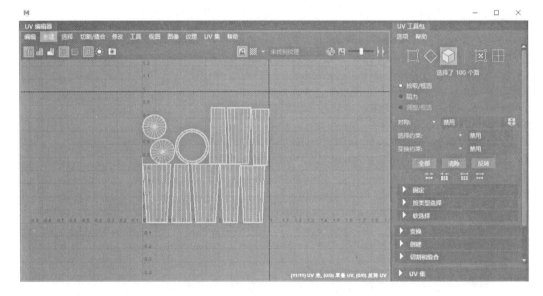

图 8-85　导弹 UV 线分布

转换到 UV 模式选中状态,如图 8-86 所示。

我们可以看到 UV 的分布很不合理,如图 8-87 所示。

我们选中物体,对其进行圆柱映射。圆柱的方向可以通过调节 Channel Box 改变。效果如图 8-88 所示。

对于侧面的圆,我们可以通过剪切 UVs(Cut UV Edges 菜单)来重新编辑,如图 8-89 所示。

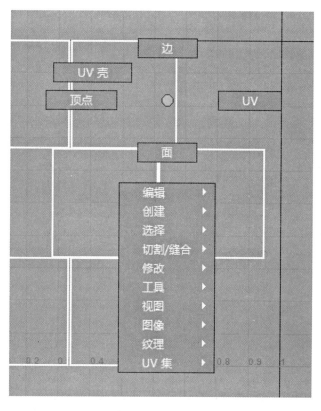

图 8-86　UV 选择

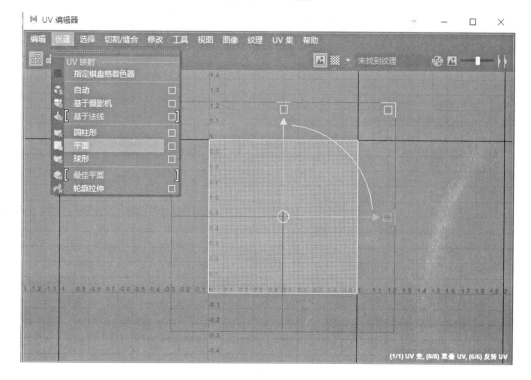

图 8-87　UV 分布

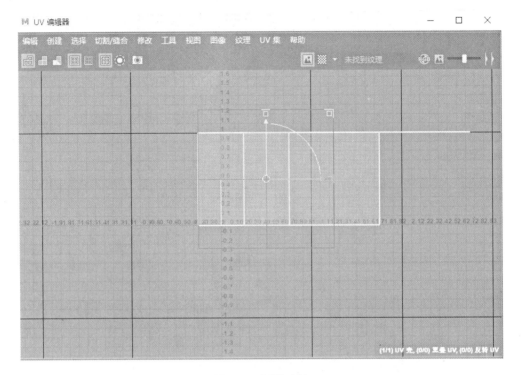

图 8-88 圆柱映射

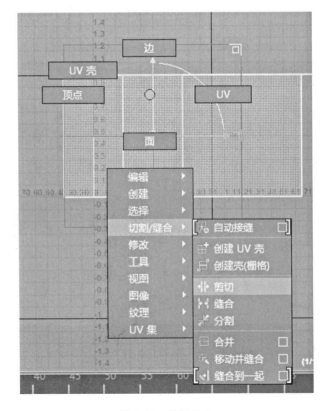

图 8-89 剪切 UVs

对于侧面我们可以再进行平面映射,如图 8-90 所示。

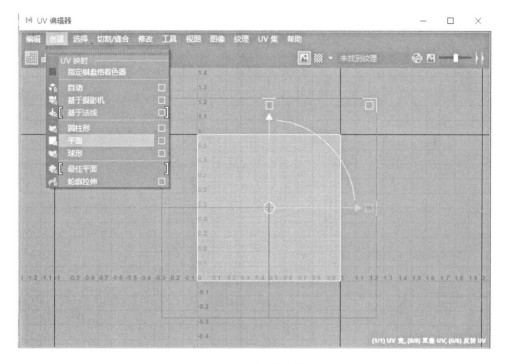

图 8-90　平面映射

同理,前面也可利用同样的方法处理,如图 8-91 所示。

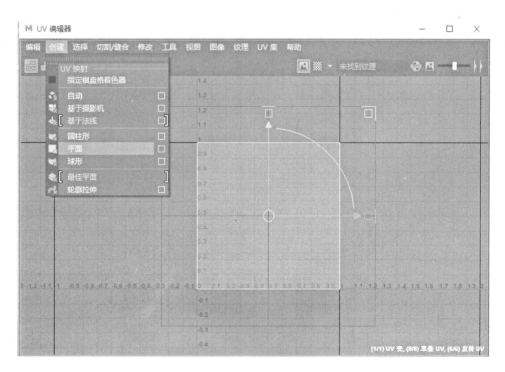

图 8-91　前面的映射

我们将尾翼缩小，移动到合适的位置。相应的，我们可以对飞行器的其他部位进行 UV 编辑，如图 8-92 所示。

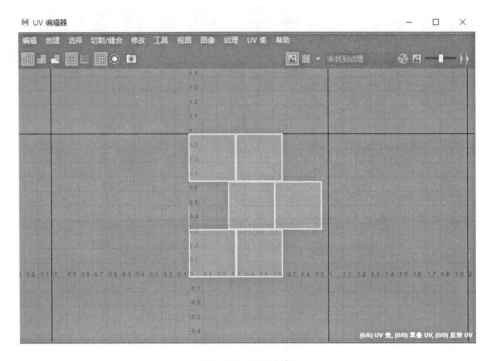

图 8-92　UV 分布

我们将 UV 输出。操作菜单及相应界面如图 8-93、图 8-94 所示。

图 8-93　输出 UV

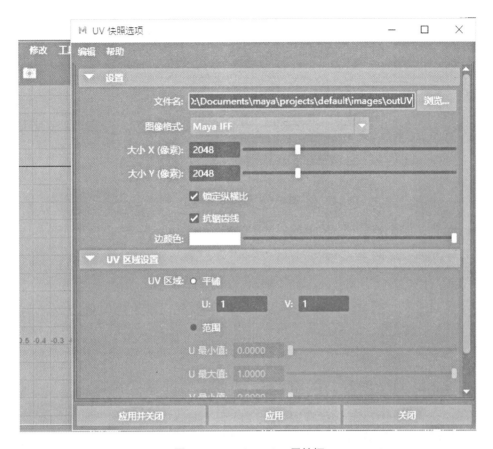

图 8-94 UV Snapshot 属性框

输出的 UV 图我们用 Photoshop 打开，如图 8-95 所示。

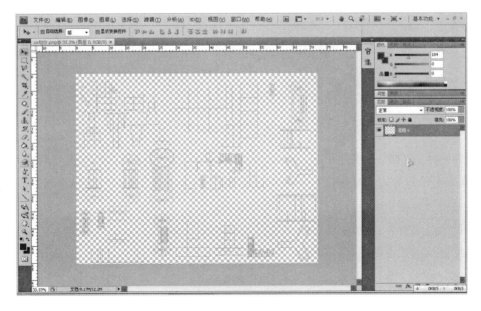

图 8-95 打开 UV 分布图

接下来我们先新建一个黑色的背景，使 UV 线更加清楚。如图 8-96 所示。

图 8-96　新建背景图

然后对相应的部分进行贴图的绘制，如图 8-97 所示。

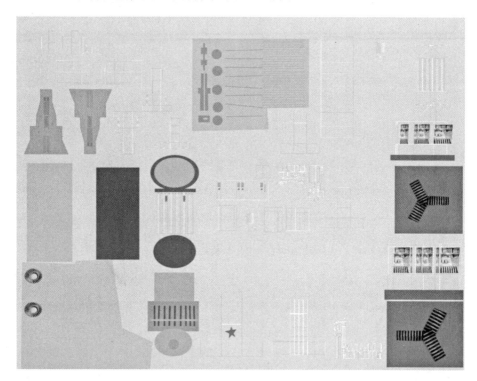

图 8-97　UV 贴图绘制

保存图片，在 Maya 中打开 Hypershape。新建一个 Blinn 材质球，设置其属性，并新建材质层，双击设置导入 UV 贴图。如图 8-98 所示。

将材质层和材质球进行链接。如图 8-99 所示。

最后全选飞行器，将材质球投影在模型上。如图 8-100 所示。

最终得到的效果如图 8-101 所示。

图 8-98　导入 UV 贴图

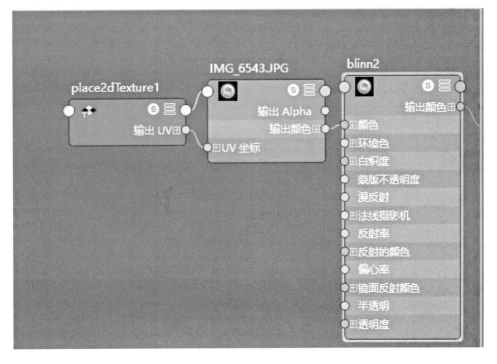

图 8-99　链接

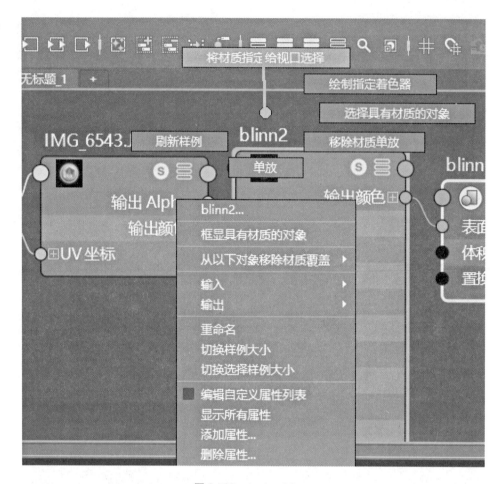

图 8-100　Assign Mater

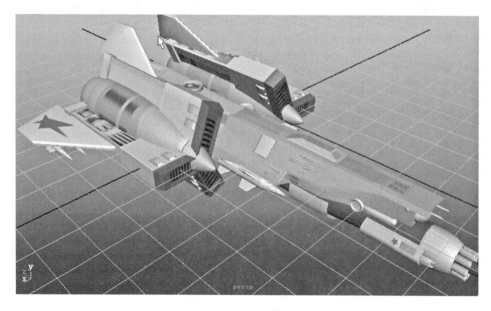

图 8-101　效果图

8.6　Arnold 渲染器入门

Arnold 是 Maya 内置的基于物理的高级渲染器，可以更为简单地实现逼真的渲染效果，同时也能实现非物理的效果。在使用 Arnold 渲染器进行渲染时要注意使用相应的 Arnold 光源和材质。

8.6.1　渲染设置

在开始渲染之前，首先要设置渲染器为 Arnold 渲染器。点击渲染设置图标"![icon]"，在渲染设置窗口中"使用以下渲染器渲染"处选择"Arnold Renderer"，在下方的"图像大小"中设置图像大小。如图 8-102 所示。

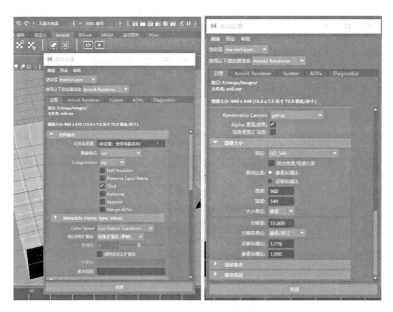

图 8-102　Arnold 渲染设置

8.6.2　创建光源

如图 8-103 所示，在渲染模式下可以直接在 Arnold 菜单下创建 Arnold 光源，也可以如图 8-104 所示，点击"窗口＞渲染编辑器＞Hypershade"，进入渲染编辑器中，在 Arnold 菜单下选择光源。

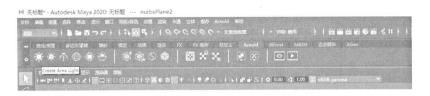

图 8-103　创建 Arnold 光源

图 8-104　调出 Hypershade

8.6.3　添加材质

选中需要渲染的对象,单击鼠标右键,选择"添加新的材质",在 Arnold 材质中选择一个材质。Arnold 材质中 aistandardsurface 是最为强大的,通过编辑可以实现很多不同的效果。如图 8-105 所示。

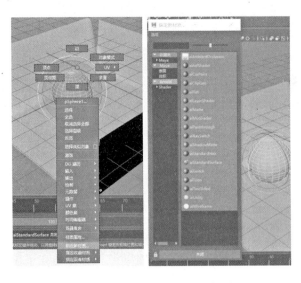

图 8-105　右击添加 Arnold 材质

　　同样,调整渲染的具体参数可以直接在右侧的属性编辑器中进行,也可以在 Hypershade 的属性编辑器中编辑。在 Hypershade 中为材质添加节点进行进一步的编辑,可以实现更加复杂的效果。如图 8-106 所示。

图 8-106　在 Hypershade 或者属性编辑器中调整材质

　　要预览渲染效果,可以点击工具架中的 Arnold,点击下方的"⬚"图标,会出现 Arnold 渲染窗口,点击红色箭头开始渲染。也可以按照一般的渲染预览方式进行。如图 8-107 所示。

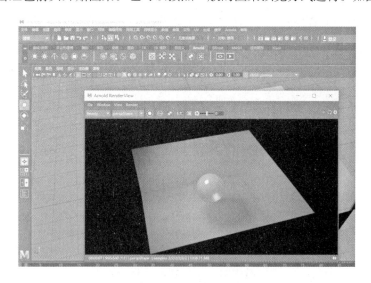

图 8-107　在 Arnold 渲染窗口中渲染材质

8.6.4　添加材质贴图

　　为球体下方的舞台添加一个材质贴图,首先需要按照相同的步骤为舞台添加新的 Arnold 材质,选中舞台,接下来打开 Hypershade,右键选择"网络制图",如图 8-108 所示。
　　使用 Tab 键调出搜索框,创建一个"File"(纹理)节点,在右侧"File Attributes"菜单的

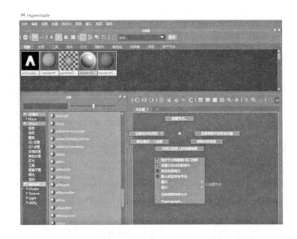

图 8-108   在 Hypershade 中添加材质贴图

"图像名称"处点击文件夹图标，选择需要使用的贴图素材。将 File 的输出颜色节点连接到材质的 Basic Color 节点上就完成了贴图，然后可以调节材质的属性以达到更好的视觉效果。如图 8-109、图 8-110 所示。

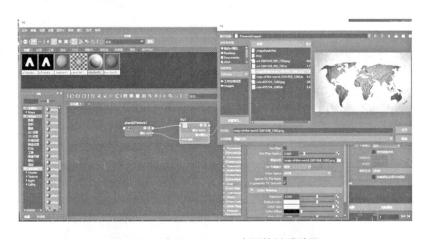

图 8-109   在 Hypershade 中调整材质贴图

图 8-110   进行 Arnold 渲染并预览

8.7　KeyShot 渲染

Maya 中的材质设置和渲染,相对来说比较复杂。接下来介绍一个第三方的渲染软件 KeyShot,它能够快捷地形成渲染效果,通过使用预设的大量的专业的材质,对三维模型进行材质设定,从而大大节省材质设计环节的时间。KeyShot 界面如图 8-111 所示。

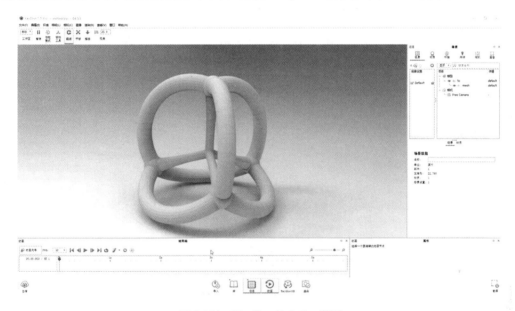

图 8-111　KeyShot 7.0 Pro 界面

1．材质效果的设置

导入一个空间拓扑结构模型,然后点击面板上面的材质,点击材质类型,可以看到系统中预设了很多材质效果。试着点击一两种材质效果,比如金属、塑料或宝石效果,在右侧的属性面板中可以对材质的各项属性进行设定,如图 8-112、图 8-113、图 8-114 所示。这些材质都是按照现实世界中的材质效果预设好了各种参数的,可直接调用,不仅能够获取比较逼真的效果,而且节省了大量时间。

2．动画向导功能

使用动画向导,可以为当前的物体附加各种类型的动画。并且,如果导入的模型本身就带有动画,这个动画效果是可以直接被利用的。如图 8-115 所示。

3．渲染设定

点击菜单"渲染＞渲染",打开渲染设置,在对话框中设定渲染的相关参数,然后点击"渲染",渲染器就会开始运算,一步步地对当前的物体进行细化的渲染。相应界面如图 8-116、图 8-117 所示。

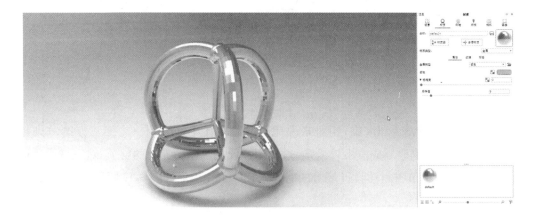

图 8-112　KeyShot 金属材质

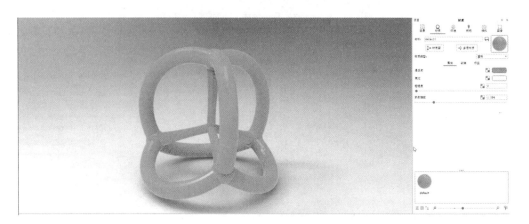

图 8-113　KeyShot 塑料材质

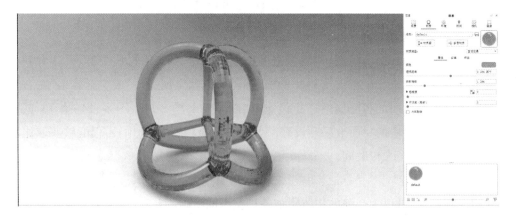

图 8-114　KeyShot 宝石材质

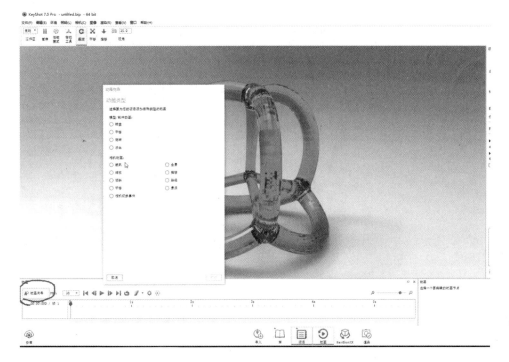

图 8-115　KeyShot 动画向导

图 8-116　KeyShot 渲染设置

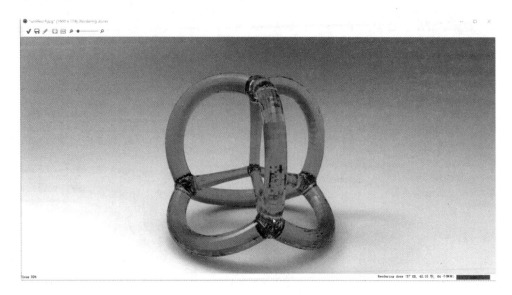

图 8-117　KeyShot 渲染视图

8.8　同　步　测　试

1. Maya 中，物体创建时默认的材质属性是(　　　)。

　　A. Blinn

　　B. Lambert

　　C. Phong

　　D. Phong E

2. 以下关于材质球的说法，哪项是正确的？(　　　)

　　A. Blinn 是亚光材质

　　B. Lambert 是金属材质

　　C. Phong 可以制造玻璃材质效果

　　D. Phong E 是磨砂材质

3. 树叶材质贴图案例中，如何调整树叶方向？(　　　)

　　A. Place2Dtexture→旋转帧

　　B. 场景中直接拖动调整

　　C. 重新贴图

　　D. 无法调整

4. 在可乐罐贴图案例中，如何给同一物体附上不同材质？(　　　)

　　A. 曲面＞分离，将同一物体分离成多个对象

B. 网格工具＞分离,将同一物体分离成多个对象

C. 直接选中不同表面,鼠标右键＞指定新材质

D. 通过创建新物体对象,覆盖在原物体相应位置,为新创建的物体附上相应材质

5. (多选)以下提到的哪种方式能够为创建对象指定材质?(　　　)

A. 选中物体,鼠标右键长按＞指定新材质

B. 选中物体,鼠标右键长按＞指定现有材质

C. 窗口＞渲染编辑器＞Hypershade

D. 窗口＞渲染编辑器＞创建材质

第9章 动力学特效

9.1 粒　　子

9.1.1 粒子的创建与编辑

1. 创建粒子

Maya 2022 版本中，可以使用两种方式创建粒子，一是执行"nParticle→nParticle 工具"，二是执行"nParticle→旧版粒子→粒子工具"。如图 9-1 所示。nParticle 工具是基于 Nucleus 动力学的粒子系统，而旧版粒子则是早期版本 Maya 中的经典粒子。nParticle 工具允许用户创建一些复杂的粒子效果和动态模拟，但是在需要较高粒子数的情况下往往使用经典粒子。

图 9-1　粒子面板

打开的粒子工具参数面板如图 9-2 所示。选择所需的粒子数量和范围空间,即调节粒子数量和最大半径值,然后在要创建粒子的位置单击,如图 9-3 所示。如果想实现喷枪式拖拽鼠标创建粒子群的效果,勾选粒子草图前的复选框即可,草图间隔表示粒子群的间隔,如图 9-4 所示。

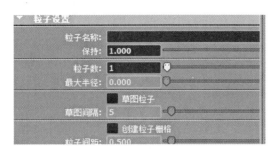

图 9-2　粒子工具参数面板

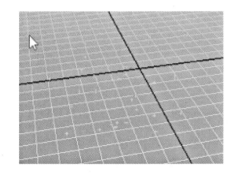

图 9-3　单击创建的粒子效果

图 9-4　喷枪式创建的粒子群

按 Enter 键,粒子即创建完毕。

2. 创建空粒子物体

(1) 选择"nParticle>粒子工具",显示选项对话框。

(2) 将粒子数量的值设为 0,移动鼠标指针到工作区,点击然后按下回车键。

(3) 选择"窗口>大纲窗口",打开大纲视图,可以发现已经创建了一个空粒子物体。

3. 在工作区单击创建 2D 粒子网格

(1) 勾选"创建粒子栅格"前的复选框,如图 9-5 所示。

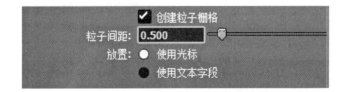

图 9-5　粒子工具参数面板

(2) 设置粒子间距的值,默认为 0.5,此项设置网格中粒子之间的间距。

(3) 选择布局项中的"使用光标",即使用鼠标放置粒子。

（4）在建模视图的左下角单击，确定网格左下角的位置，然后换一位置再次单击，确定网格右上角的位置。

（5）按下 Enter 键，即可完成粒子网格的创建。如图 9-6 所示。

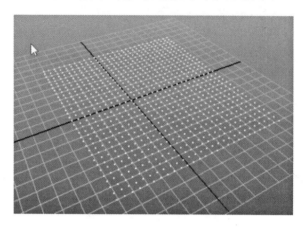

图 9-6　2D 粒子网格

4. 在工作区单击创建 3D 粒子网格

（1）勾选"创建粒子栅格"前的复选框。

（2）选择布局项中的"使用光标"。

（3）设置粒子间距值，默认为 0.5，此项设置网格中粒子之间的间距。

（4）在透视图中左下角单击鼠标左键，确定粒子网格的左下角，换一位置单击确定粒子网格的右上角，暂时先不要按 Enter 键。通过上述操作，我们确定了粒子网格的 X 轴和 Z 轴。如图 9-7 所示。

（5）切换到四视图，按下插入键进入编辑模式。

（6）拖拽其中的一个点上下移动，创建网格的高度。按住 Shift 键可以约束点的移动方向。两点位置如图 9-8 所示。

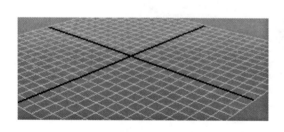

图 9-7　确定 XZ 平面的两点

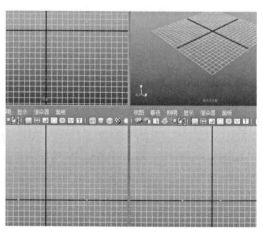

图 9-8　两点的位置

（7）按 Enter 键，即可完成 3D 粒子网格的创建。效果如图 9-9 所示。

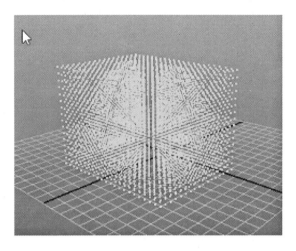

图 9-9 3D 粒子网格效果

5. 以输入值方式创建 2D 或 3D 粒子网格

（1）勾选"创建粒子栅格"前的复选框。

（2）设置粒子间距值，默认为 0.5，此项设置网格中粒子之间的间距。如图 9-10 所示。

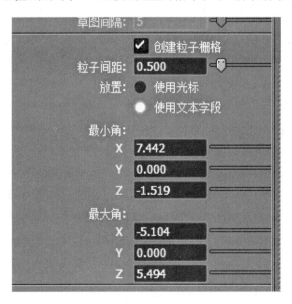

图 9-10 粒子工具参数面板

（3）打开"布局"项中的"与文本字段"。

（4）输入"最小角"项 X、Y、Z 的坐标值，确定左下角的坐标位置；输入"最大角"项 X、Y、Z 的坐标值，确定右上角的坐标位置。

（5）移动鼠标指针到工作区，按下 Enter 键，完成粒子网格的创建。效果如图 9-11 所示。

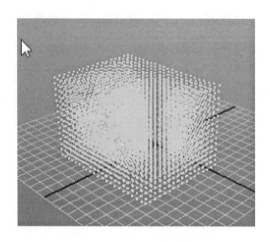

图 9-11   3D 粒子网格效果

6. 粒子的 Deform 变形

（1）使用粒子工具创建粒子，在属性编辑器中将"粒子渲染类型"设置为"球体"。

（2）选中粒子物体，执行"动画"模块中"创建变形"菜单下的"格子"命令，为粒子物体创建一个变形器。如图 9-12 所示。单击右键，选择菜单中的"格点"进入点编辑模式，通过移动变形器的点来改变粒子整体的形状。如图 9-13 所示。

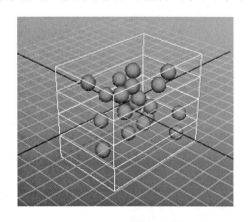

图 9-12   创建晶格变形

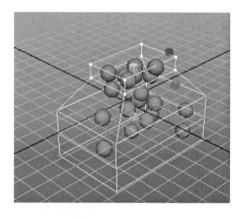

图 9-13   移动变形器的点来改变整体形状

7. 整个粒子物体的变换属性

（1）使用"nParticle＞粒子工具"，随意创作一个图案。

（2）在通道面板中输入变换、缩放和旋转的属性值，也可使用移动、旋转和缩放工具来操纵此属性值。如图 9-14 所示。

（3）输入或操纵属性数值后，按快捷键 S 设定关键帧。也可在选中属性的情况下单击右键，选择"关键选择"。例如，在第 1 帧按 S 键设定关键帧，在第 24 帧将属性旋转 Y、缩放 X、缩放 Y、缩放 Z 分别改为 180、0.5、0.5、0.5，然后按 S 键再次设定关键帧。如此设置后第 1 帧、第 24 帧效果如图 9-15、图 9-16 所示。

图 9-14 通道盒中的属性

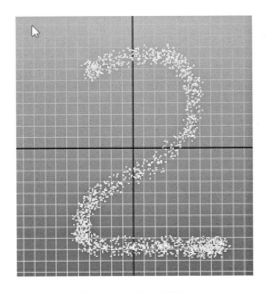

图 9-15 第 1 帧效果

图 9-16 第 24 帧效果

（4）如图 9-17 所示，按 Play 键播放，观看粒子运动效果。

图 9-17　动画播放器

8．有选择地为粒子物体添加动态属性

（1）选中所创建的粒子。

（2）在属性编辑器"颗粒形状 1"标签下的"属性"部分单击"添加属性"按钮，弹出"添加属性"对话框。如图 9-18 所示。

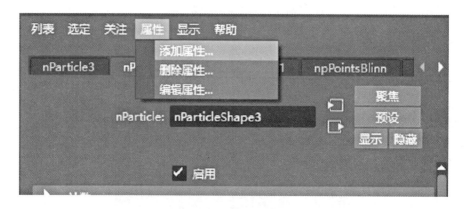

图 9-18　添加动态属性

（3）在"添加属性"对话框中选择"粒子"标签。

（4）选择要添加的属性，例如选择"pointSize"，单击"添加"以添加属性，如图 9-19 所示，选择的属性即被添加到相应的面板中，如图 9-20 所示。

图 9-19　添加属性

图 9-20　添加属性效果

9.1.2　粒子发射器

1．创建发射器

在没有选择任何物体的情况下，执行"nParticle＞创建发射器"命令。点击播放，观看效果。如图 9-21 所示。

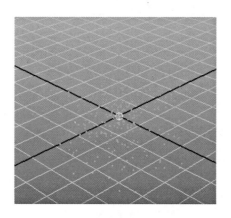

图 9-21　创建粒子发射器

2．从表面上的点发射粒子

（1）创建 NURBS 或多面体物体。

（2）单击"nParticle＞从对象发射"后的"■"图标，弹出选项对话框。

（3）在选项对话框中，从"发射器类型"的下拉菜单中选择"表面"，如图 9-22 所示。

（4）单击"创建"或"应用"。最终效果如图 9-23 所示。

注意：此处为了让读者更清楚地看到粒子效果，将其"颜色"属性设为红色，默认为灰色。

3．从曲线上的点发射粒子

（1）随意创建曲线。

（2）单击"nParticle＞从对象发射"后的"■"图标，弹出选项对话框。

（3）在选项对话框中，从"发射器类型"的下拉菜单中选择"曲线"，如图 9-24 所示。

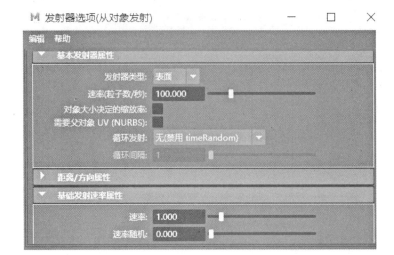

图 9-22　从对象发射选项对话框

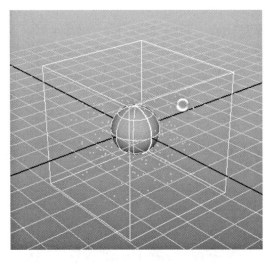

图 9-23　表面发射粒子效果

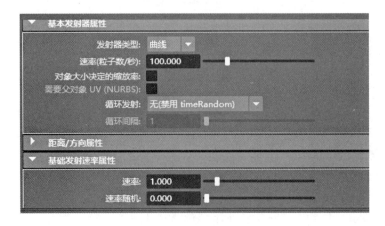

图 9-24　从对象发射选项对话框

（4）单击"创建"或"应用"。最终效果如图 9-25 所示。

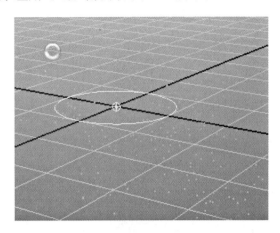

图 9-25　曲线发射粒子效果

4．从物体发射粒子

（1）随意创建物体。

（2）选择"nParticle＞从对象发射"。

（3）打开属性编辑器，将"发射器 1"标签下的"发射器类型"设置为"体积"，如图 9-26 所示。

注意：不同于前几种发射器，"体积"发射器在"nParticle＞从对象发射"的选项对话框中是没有的，需要创建后在属性编辑器中更改。

图 9-26　从对象发射选项对话框

（4）在"体积发射器属性"对话框中，单击"体积形状"后的下拉列表，从中选择需要的形状。如图 9-27 所示。

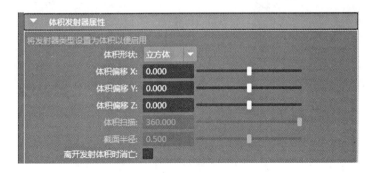

图 9-27　体积发射器属性组

（5）选择发射器并选择"显示＞隐藏＞隐藏选区"，可隐藏体积发射器。体积发射器效果图如图 9-28 所示。

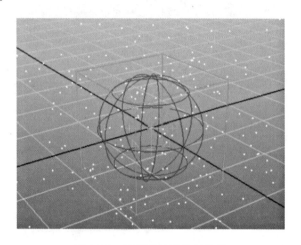

图 9-28　体积发射器发射效果

9.1.3　粒子系统的显示和渲染方式

1．设置粒子渲染类型

（1）选择"nParticle＞粒子工具"，创建粒子物体。

（2）在属性编辑器的"渲染属性"部分，在"粒子渲染类型"的弹出菜单中选择粒子的状态类型。

（3）观看视图中粒子的渲染形态。图 9-29 至图 9-34 分别是点、数字、球体、精灵、云状、多点的渲染效果。

注意：要在渲染器中观看效果，除"云状"等后面标有"s/w"的用"Maya 软件渲染器"渲染外，其余均要使用"Maya 硬件渲染器"渲染。

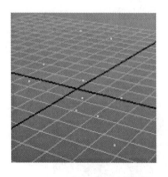

图 9-29　点

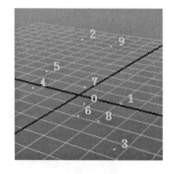

图 9-30　数字

2．为粒子分配带有材质组的 Lambert 材质

（1）在工作区上面的主菜单中打开"阴影＞光滑所有阴影"和"阴影＞硬件纹理"。

（2）选择粒子物体。

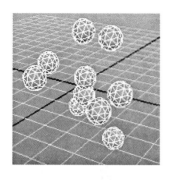

图 9-31 球体

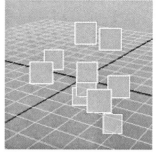

图 9-32 精灵

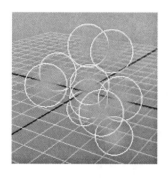

图 9-33 云状(s/w)

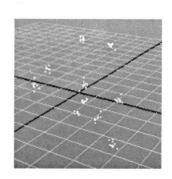

图 9-34 多点

（3）在属性编辑器中设置精灵数量、精灵比例、精灵扭曲，设置"粒子渲染类型"为"精灵"。如图 9-35 所示。

图 9-35 渲染精灵属性组

（4）单击"添加当前渲染类型的属性"按钮，添加默认粒子渲染类型属性，用来控制粒子的外观。

（5）创建 Lambert 材质，调节其参数属性，并将它指定给所选的粒子物体。效果如图 9-36 所示。

3. 指定一个图像序列到精灵

（1）在选中粒子状态下，按快捷键 Ctrl＋A 打开属性编辑器，显示其材质 Lambert 节点属性。

（2）在"Lambert 材质"标签下的"公用材质属性"属性组中，单击"颜色"滑块右侧的按钮，打开"创建渲染节点"对话框。如图 9-37 所示。

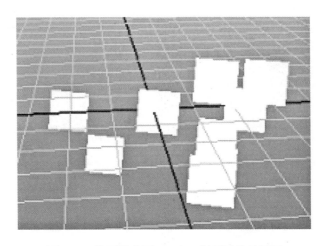

图 9-36　粒子被分配 Lambert 材质后的效果图

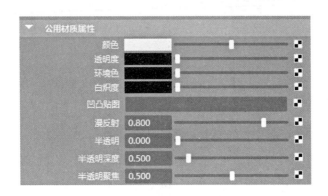

图 9-37　公用材质属性组

（3）在"创建渲染节点"对话框中，选择 2D 材质标签下的"文件"纹理，创建一个纹理文件节点。如图 9-38 所示。

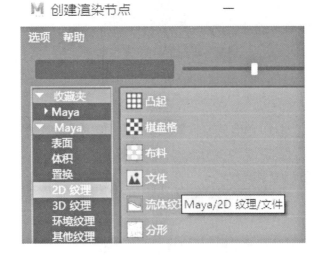

图 9-38　创建渲染节点对话框

（4）在属性编辑器的"文件属性"中，单击"图像名称"右侧的按钮。如图 9-39 所示。

图 9-39　纹理文件属性

（5）选择要使用的纹理文件，单击"打开"按钮。

（6）在主视图中查看效果，如图 9-40 所示。

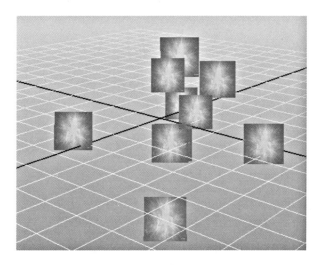

图 9-40　文件贴图效果

9.1.4　粒子与场

1. 创建独立场并连接物体到场

（1）选择想让场影响的物体，可选择粒子、刚体或柔体，此处以粒子为例。注意：在系统默认设置下，当 NURBS 表面或多面体表面被连接到场时，Maya 将它们自动转化为刚体。

（2）为了使演示更清楚，将"粒子渲染类型"设置为"球体"，点击"添加属性"后的"当前渲染类型"，将"球"的半径属性设置为 0.1，将"使用寿命"设置为"永生"，效果如图 9-41 所示。

（3）选中粒子物体，执行"场"菜单下的任意场，如"重力场"，效果如图 9-42 所示。

（4）播放动画，观看场对粒子的影响。

图 9-41　添加重力场前的粒子效果

图 9-42　添加重力场后的粒子效果

2. 粒子的控制

添加和控制每个粒子的颜色属性：

（1）执行"nParticle＞创建发射器"，创建粒子发射器。

（2）为了使演示更清楚，将"粒子渲染类型"设置为"球体"，在"当前渲染类型"下，将"球体"的半径属性设置为 0.1，打开属性编辑器"粒子形状 1"标签，将"使用寿命"属性组中的"粒子存活时间"设置为 10 秒。

（3）按快捷键 Ctrl＋A，打开属性编辑器，在"添加动态属性"部分单击"颜色"按钮，如图 9-43 所示。

图 9-43　添加动态属性

（4）在打开的对话框中，选择"添加每粒子属性"，然后单击"添加属性"，如图9-44 所示。

图 9-44　粒子颜色对话框

（5）新添加的属性"RGB PP"出现在"每个粒子属性"属性组下，如图 9-45 所示。

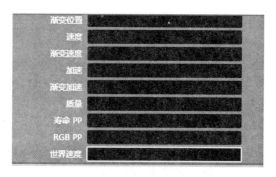

图 9-45　每个粒子(数组)属性的属性组

（6）在"RGB PP"属性处按右键，在弹出的菜单中单击"创建渐变"，创建对粒子颜色的渐变控制纹理。若需要继续对此渐变控制纹理进行编辑，可单击右键，在弹出的菜单中选择"编辑坡道"，进入"坡道"控制纹理的编辑界面。如图 9-46、图 9-47 所示。

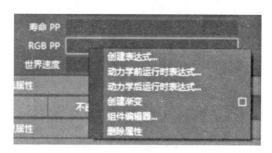

图 9-46　右键弹出菜单 1

图 9-47　右键弹出菜单 2

（6）编辑完毕后，按"播放"键播放，观看工作区中的粒子颜色。最终效果如图 9-48 所示。

图 9-48　最终效果图

3．为粒子物体指定材质组

（1）执行"nParticle＞创建发射器"，创建粒子发射器。

（2）为了使演示更清楚，将"粒子渲染类型"设置为"球体"，点击"添加属性"后"当前渲染类型"，将球体的半径属性设置为 0.1，打开属性编辑器"粒子形状 1"标签，将"使用寿命"属性组中的粒子存活时间"寿命"设置为 10 秒。如图 9-49 所示。

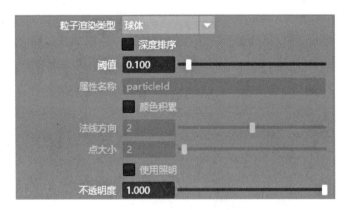

图 9-49　渲染属性参数面板

（3）按快捷键 Ctrl＋A，打开属性编辑器，在"添加动力学属性"部分单击"颜色"按钮。

（4）在打开的对话框中选择"阴影"，然后单击"添加属性"。如图 9-50 所示。

（4）在弹出的超级编辑器"材质编辑器"中，为粒子物体创建并指定 Blinn 材质。

（5）对 Blinn 材质的属性进行编辑后，按"播放"键播放，观看工作区中的粒子颜色。效果如图 9-51 所示。

图 9-50　"颜色"对话框

图 9-51　最终粒子效果

4. 添加和控制每个粒子的不透明度属性

（1）执行"nParticle＞创建发射器"，创建粒子发射器。

（2）为了使演示更清楚，将"粒子渲染类型"设置为"球体"，点击"添加动态属性"后"当前渲染类型"，将球体的半径属性设置为 0.1，打开属性编辑器"粒子形状 1"标签，将"使用寿命"属性组的粒子存活时间"寿命"设置为 10 秒。

（3）按快捷键 Ctrl＋A，打开属性编辑器，在"添加动态属性"部分单击"不透明度"按钮，如图 9-53 所示。

图 9-52　添加动态属性

（4）在打开的对话框中选择添加动态属性。

（5）新添加的属性"不透明页"出现在"每个粒子（数组）属性"属性组下。

（6）在"不透明页"属性处按右键，在弹出的菜单中单击"创建渐变"，创建对粒子颜色的渐变控制纹理。若需要继续对此渐变控制纹理进行编辑,可单击右键,在弹出的菜单中选择"编辑渐变",进入渐变控制纹理的编辑界面。如图 9-53 所示。

图 9-53　右键弹出菜单

（7）编辑完毕后,按"播放"键播放,观看工作区中粒子的不透明度效果。最终效果如图 9-54 所示。

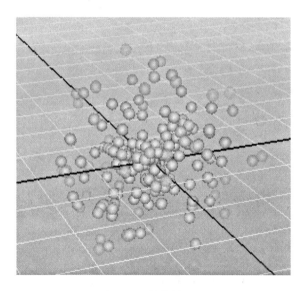

图 9-54　最终效果图

5.使用渐变控制发射速度

（1）承接上例,打开属性编辑器,找到每粒子(数组)属性部分。

（2）在"渐变加速"栏目单击右键,执行右键菜单"创建渐变",如"坡道"纹理,渐变属性如图 9-55 所示。

（3）在渐变纹理中,将其颜色设置为白色和黑色,位置如图 9-55 所示,此设置是为了使效果更加明显。白色表示发射速度为原始速度的 1 倍,黑色表示发射速度为原始速度的 0 倍,即不发射粒子。

（4）为使效果明显,可将"坡道"纹理的类型设为"U 形渐变",播放动画,观看效果,如图 9-56 所示。可以测试选择"坡道"纹理的不同类型时的不同效果。

6.更加均衡地播放粒子发射

（1）选择要发射粒子的曲面物体,执行"nParticle＞从对象发射"。

（2）按快捷键 Ctrl＋A,打开"属性编辑器",查看"nucleusl"标签,如图 9-57 所示。

（3）调整"解算器属性"中的值,然后播放动画,观看效果。

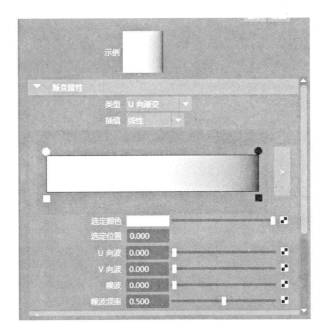

图 9-55　渐变纹理

图 9-56　最终效果图

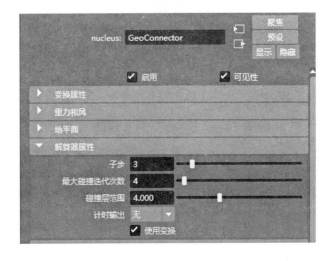

图 9-57　属性编辑器中的解算器属性面板

7. 粒子动画的缓存播放

（1）在场景中创建发射器，为便于观察效果，将"粒子渲染类型"改为"球体"，将其半径改为 0.1，并将其赋予红色。

（2）执行"nCache＞创建粒子磁盘缓存"。

（3）建立好缓存后，可以实时查看任意帧的效果，如图 9-58 所示。

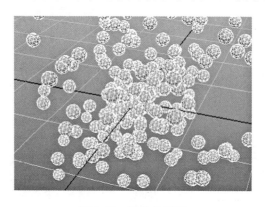

图 9-58　最终效果图

9.1.5　粒子碰撞

1. 粒子碰撞几何体

（1）创建一个建模平面。

（2）执行"nParticle＞旧版粒子＞创建发射器"，创建粒子发射器，将"粒子渲染类型"设置为"球体"，半径设置为 0.1，以便于观察碰撞效果。如果使用柔体，而不是常规的粒子物体，可以选择柔体的原始几何体或它的子粒子物体。

（3）先选中粒子，然后按住 Shift 键选中建模平面，执行"nParticle＞旧版粒子＞使碰撞"命令。

（4）播放动画，观看粒子物体与几何体的碰撞效果，如图 9-59 所示。

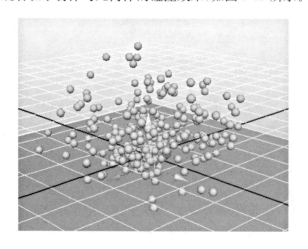

图 9-59　碰撞效果

2．连接和解除粒子与物体的碰撞关系

（1）选择要碰撞几何体的粒子物体。

（2）选择"操作系统＞关系编辑器＞动态关系编辑器"，打开动力学关系编辑器。

（3）将"选择模式"设置为"碰撞"，此时左栏高光显示碰撞的粒子物体，右栏高光显示被碰撞的几何体，表示粒子与物体存在碰撞关系，如图9-60所示。

图9-60 动态关系编辑器中的碰撞属性连接

（4）在右栏中单击被碰撞的几何体，使其蓝色背景消失，表示粒子与物体碰撞关系解除。

3．设置碰撞的弹跳属性和摩擦属性

（1）创建一个曲面基本体平面和一个"旧版粒子"中的粒子发射器。

（2）为便于观察效果，将"粒子渲染类型"设置为"球体"，其半径属性设置为0.1。

（3）为增强碰撞效果，给粒子添加重力场，即在粒子选中的状态下，执行"场＞重力场"命令。

（4）依次选中粒子和曲面基本体平面，执行"使碰撞"命令。播放动画，观看效果。

（5）选中曲面平面或粒子物体，在"属性编辑器"面板中的"几何体连接器1"标签下，调节"弹力"和"摩擦力"属性的值，如图9-61所示，播放动画，观看弹跳属性和摩擦属性对粒子运动的影响。图9-62、图9-63和图9-64是同在50帧的时候不同参数下的效果截图。

4．避免粒子意外穿透几何体：调整碰撞探测灵敏性

（1）选择粒子物体，打开属性编辑器。

（2）在"粒子形状"标签下，找到"碰撞"属性组下的"碰撞强度"属性，增加其值即可增强碰撞探测的灵敏性，如图9-65所示。

5．复制碰撞效果

（1）选中碰撞粒子和被碰撞物体。

（2）单击"编辑＞特殊复制"后的"■"图标，弹出选项对话框。

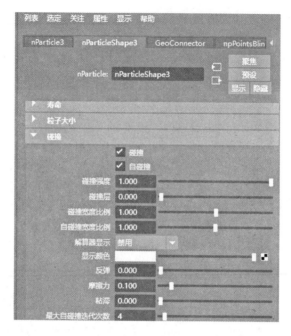

图 9-61　弹跳属性和摩擦属性所在的几何体连接器属性面板

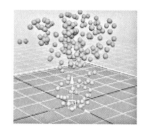

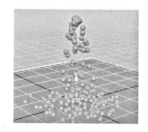

图 9-62　弹力 = 1,摩擦力 = 0　　图 9-63　弹力 = 0,摩擦力 = 0　　图 9-64　弹力 = 0,摩擦力 = 1

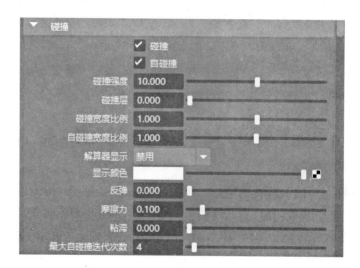

图 9-65　碰撞属性组

（3）在选项对话框中，勾选"复制输入节点"前的复选框。如果不勾选此项，粒子和物体之间则不存在碰撞关系。

（4）单击"特殊复制"或"应用"。

（5）使用移动工具，将复制的发射器和粒子与原物体分开。

6. 创建粒子碰撞事件

（1）创建几何平面，执行"nParticle＞旧版粒子＞创建发射器"命令，并为粒子添加重力场。

（2）为便于观察，将"粒子渲染类型"设置为"球体"，半径设置为 0.3，颜色设置为蓝色，如图 9-66 所示。

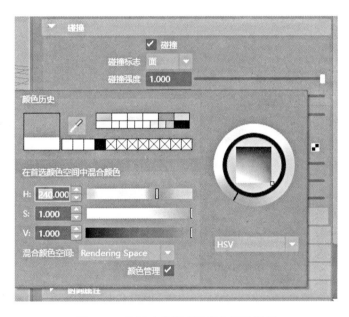

图 9-66　粒子渲染类型及颜色属性设置

（3）选择粒子与平面，执行"使碰撞"，创建碰撞，如图 9-67 所示。

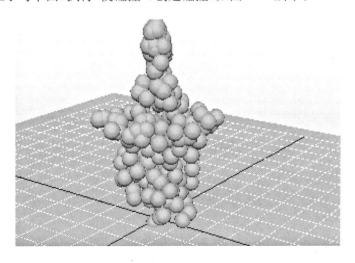

图 9-67　粒子与平面的碰撞效果图

（4）选择"nParticle＞粒子碰撞事件编辑器"，打开粒子碰撞事件编辑器。

（5）在粒子1呈高光选中的状态下，将"事件类型"中的类型设置为"编辑"，单击"创建事件"。

注意：此处"发射"为新的粒子，而"分割"为原粒子的分裂。

（6）为便于观察，将新粒子"粒子2"的渲染类型设置为"球体"，半径设置为0.3，颜色设置为红色。

（7）播放动画，观看粒子碰撞事件，如图9-68所示。

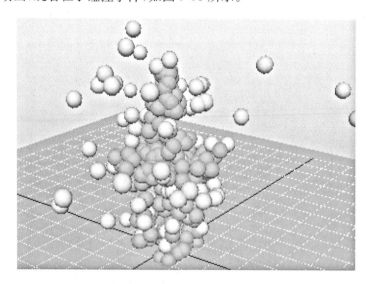

图 9-68   粒子碰撞事件效果图

注意：一个粒子物体可以触发多个碰撞事件，即可以按照以上方法，为粒子继续添加碰撞事件，与设置第一个碰撞事件不同的是要先单击"新建事件"按钮，后面都一样。如图9-69所示。

图 9-69   碰撞事件属性面板

7．删除粒子碰撞事件

（1）承接上例，在粒子碰撞事件编辑器左侧的物体列表中，选择与事件有关的粒子物体。

（2）在右侧事件列表中选择要删除的事件。

（3）单击对话框底部的"删除事件"按钮即可。

9.1.6　粒子关联

1. 关联单一物体到粒子

（1）执行"nParticle＞旧版粒子＞创建发射器"，播放产生粒子命令。

（2）创建一个曲面球体作为替代物体。

（3）按住 Shift 键，依次选择曲面球体和粒子，如图 9-70 所示。

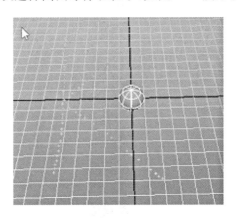

图 9-70　创建粒子与物体

（4）执行"nParticle＞实例化器"，效果如图 9-71 所示。

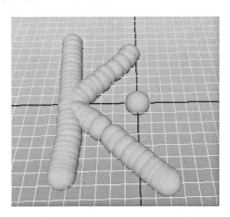

图 9-71　粒子关联物体后的效果

（5）要隐藏原始几何体，可选中此几何体并选择"显示＞隐藏＞隐藏选择对象"。

2. 关联物体序列到粒子

（1）选择 4 个不同的原始几何体，并赋予不同的颜色，如图 9-72 所示。

（2）创建粒子发射器，依次选中几何体和粒子，执行"nParticle＞实例化器"。

注意：粒子替代命令一定要先选择替代物体，再选择粒子。

（3）播放动画，观看效果，如图 9-73 所示。这里为便于观察，将粒子的发射速率设为 10，并将几何体缩小。

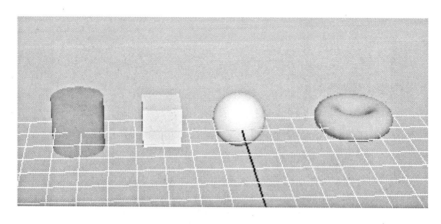

图 9-72　4 个不同颜色的待关联的几何体

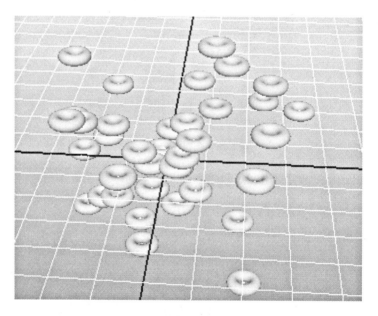

图 9-73　粒子关联效果

（4）发现所有粒子都被关联上同一个物体"环状纤维管"，这是因为在属性编辑器的"例子"标签下的替代物体列表中，"环状纤维管"排在最前面，如图 9-74 所示。

图 9-74　粒子实例化器列表

如果要在不同的粒子上关联不同的物体，可以将"对象索引"属性设为"年龄"，播放动画,可发现几何体随着时间按照替代物体列表中的顺序依次出现,效果如图 9-75 所示。

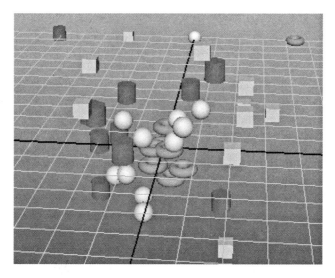

图 9-75 "对象索引"属性设为"年龄"的效果

可以使用"实例对象"面板中的"上移"和"下移"按钮改变物体的出现顺序。

可以使用"实例对象"面板中的"添加"和"移除"按钮来添加或移除替代物体。

3. 关联笔刷特效的笔触到粒子

(1) 执行"nParticle>旧版粒子>创建发射器",在场景中创建粒子发射器。为方便查看效果,将发射器的发射速率设为 10。

(2) 选择笔刷,在场景中绘制一朵花,如图 9-76 所示。

图 9-76 在场景中绘制一朵花

(3) 依次选择画笔和粒子,选择"nParticle>实例化器",效果如图 9-77 所示。

(4) 选中"曲线玫瑰",使用移动工具,将替代后的笔划移至中心位置,效果如图 9-78 所示。

图 9-77　粒子关联笔刷的效果

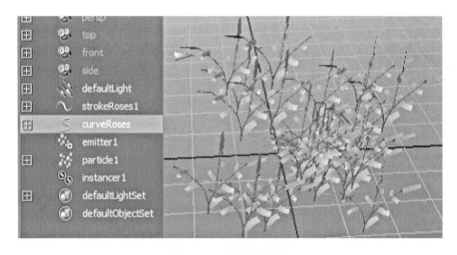

图 9-78　移动后的效果

9.1.7　粒子与目标物体

1.连接粒子物体到单个的目标物体

（1）使用粒子工具创建粒子物体，将"粒子渲染类型"设置为"云状（s/w）"。如果要选择柔体，而不是常规的粒子物体，用户可选择柔体的原始几何体或它的子粒子物体。

（2）为目标物体制作路径动画。创建一个圆形曲线和一个曲面球体，按住 Shift 键，依次选中曲面球体和圆形曲线，执行"约束＞运动路径＞连接到运动路径"。

（3）播放动画，观看效果。

（4）按住 Shift 键，依次选择粒子和曲面球体，执行"nParticle＞目标"。

（5）播放动画，观看粒子追踪目标运动，效果如图 9-79 所示。

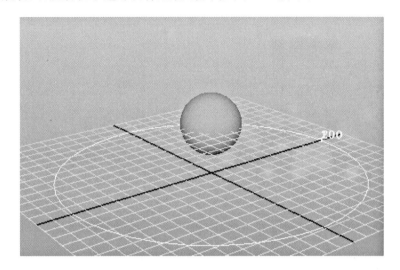

图 9-79 粒子追踪目标运动效果图

2．连接粒子物体到多个目标物体

（1）创建一个目标物体，如正方体。可随意为其制作一段动画，静止亦可。

（2）按住 Shift 键，依次选中粒子、目标物体，再次执行"nParticle＞目标"。

（3）重复（1）、（2）步操作，将粒子物体连接到多个目标物体上。

（4）播放动画，观看粒子追踪目标运动，效果如图 9-80 所示。

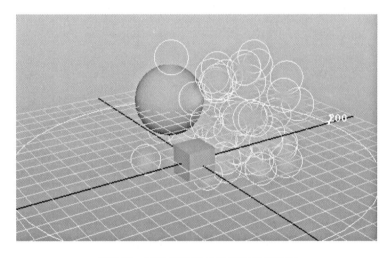

图 9-80 粒子追踪多个目标运动效果图

3．设置粒子物体的目标权重

（1）选择受目标物体影响的粒子或柔体粒子，打开属性编辑器。

（2）展开"nParticlesshapel"标签下的"目标权重和对象"属性组，如图 9-81 所示。

（3）设置不同的目标权重，观看粒子不同的运动效果。目标权重值越大，粒子追踪目标物体的能力就越强。

图 9-81　控制粒子目标权重的属性面板

4. 为每个目标物体的权重值设置关键帧动画

(1) 为目标权重值设置关键帧动画。曲面球体的权重值在第 1、第 50、第 100、第 150 帧依次设置为 0.2、1、0、0.5，多面体立方体的权重值在第 1、第 50、第 100、第 150 帧依次设置为 0.8、0.1、0.1、1。

(2) 播放动画，观看效果。第 37 帧时的效果截图如图 9-82 所示。

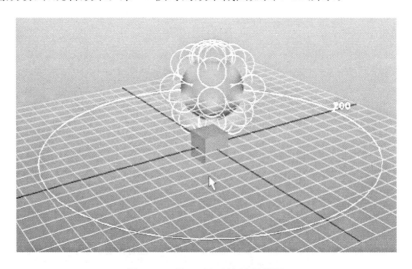

图 9-82　第 37 帧时的效果截图

9.2 刚   体

9.2.1 创建刚体

1. 创建单个刚体

（1）选择预创建刚体的物体。

（2）执行"场/解算器＞创建主动刚体/创建被动刚体"创建被动刚体。刚体与物体的对比如图 9-83 所示。

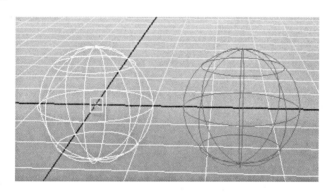

图 9-83 刚体（左）与物体（右）的对比图

2. 将多个物体创建为一个刚体

（1）选择多个物体，按快捷键 Ctrl＋G 或选择"编辑＞群组"，执行群组命令。

（2）选择组节点，执行"场/解算器＞创建主动刚体/创建被动刚体"命令，效果如图 9-84 所示。

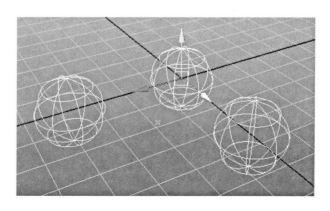

图 9-84 将多个物体创建为一个刚体的效果图

9.2.2　刚体动画效果实例

Maya 中的刚体有主动刚体和被动刚体两种，主动刚体可以在受到场的作用之后发生运动，而被动刚体则是用来接受主动钢体的碰撞等交互行为的。下面通过一个刚体碰撞动画实例，了解刚体的操作和动画设置。

首先创建一个多边形的球体，点击"场/解算器"，执行"创建主动刚体"命令，把小球创建成一个主动刚体；再创建一个板状物体，选中这个物体执行"创建被动钢体"命令，如图 9-85 所示。

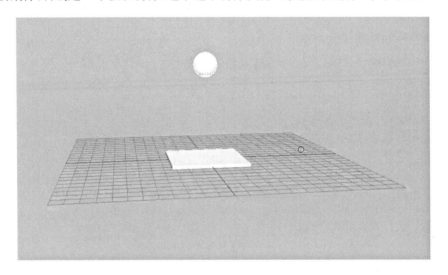

图 9-85　主动刚体和被动刚体

要让这个场景运动起来，则需要场来驱动主动刚体。选中主动刚体，点击"场/解算器＞重力"，增加一个重力场，点击"播放"按钮，可以观察到小球在受到重力场的作用之后，下落并碰撞被动刚体发生反弹，如图 9-86 所示。在通道框可以对当前场景中的重力场参数进行设置。

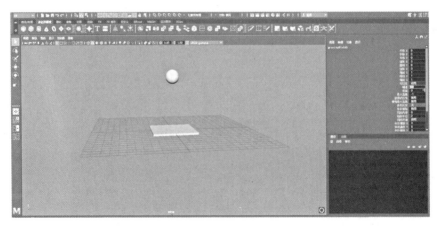

图 9-86　添加重力场

主动刚体本身也有很多可调参数，如图 9-87 所示，有质量、反弹度、静摩擦和动摩擦等，这些参数的设定都会影响小球在发生碰撞之后的效果。

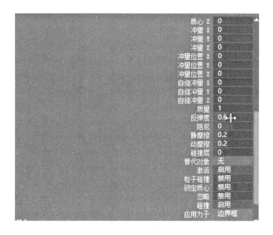

图 9-87　主动刚体参数

9.3　牛　顿　摆

以下是通过刚体和约束制作牛顿摆的 Maya 动力学实例。

切换到前视图，创建多个小球用来充当即将碰撞的钢铁小球，注意使用 X 键保证多个小球之间位置的对齐。

选中所有小球，点击"场/解算器＞创建主动刚体"，注意质量要设置得稍微高一点，这样可以使它们在受到重力场的作用之后，运动更加快速。如图 9-88 所示。

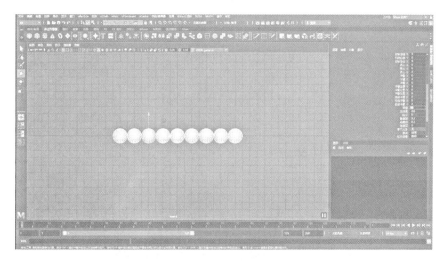

图 9-88　创建对齐的刚体小球

依次选中每一个小球,点击"场/解算器＞创建钉子约束",创建出钉子约束,然后按住 X 键,把钉子挪动到小球的上方,这样所有小球的钉子都会保持在同一条水平线上,如图 9-89 所示。在透视图中可以看到钉子约束,然后给这些小球添加重力场。

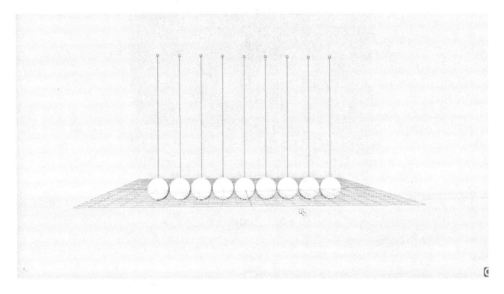

图 9-89　创建钉子约束

为了让这些小球发生相互碰撞,有两种方式。一种方式是给其中的一个小球设置一个初始速度,点击"播放",效果如图 9-90 所示,因为我们给第一个小球设置了 X 方向的初始速度,可以观察到一开始的时候它就和其他小球发生了碰撞。另外一种方式,是让其中的一个小球受重力的作用掉落,也即把小球挪到受重力作用的位置,如图 9-91、图 9-92 和图 9-93 所示,在落下时与其他小球发生碰撞。

在本例中,钢体和约束同时发生作用,得到了牛顿摆小球碰撞的效果。

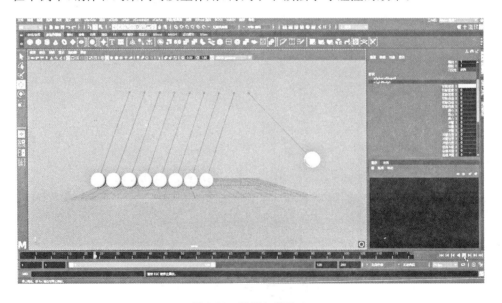

图 9-90　设置初始速度

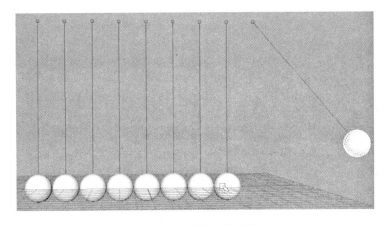

图 9-91 小球落下并碰撞 1

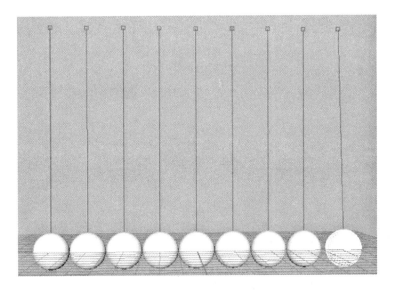

图 9-92 小球落下并碰撞 2

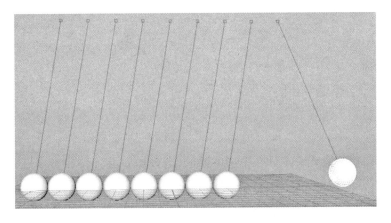

图 9-93 小球落下并碰撞 3

9.4　柔　　体

Maya 中的柔体是和刚体相对应的,柔体实际上就是受粒子影响的几何体。

下列物体可创建为柔体:多面体表面,曲线和曲面物体,包括用于 IK 建模的曲线和线变形器、晶格。

下列物体不能制作为柔体：IK 骨骼、形节点以下的物体,例如,表面上的曲线、已修剪曲面表面。

9.4.1　创建柔体

(1) 选择要制作为柔体的物体,如多面体球体。

(2) 在动力学模块下,点击"nParticle＞柔体"后的"▣"图标,打开其选项对话框,如图 9-94 所示。

图 9-94　创建柔体选项对话框

(3) 在"创建选项"下拉列表中,选择三个选项中的一个。

① "生成柔体"项:将物体转化为柔体。

② "复制,将副本生成柔体"项:将物体复制,并将物体的副本转化为柔体,而不改变原始物体。

③ "复制,将原始生成柔体"项:将物体复制,并将原始物体转化为柔体,而不改变物体副本。

(4) 为柔体增加"干扰场",并隐藏原始物体,如图 9-95 所示。

(5) 播放动画,观看场对柔体的影响,如图 9-96 所示。

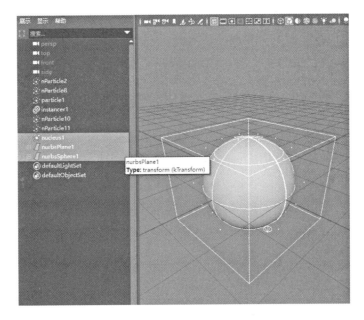

图 9-95　大纲视图和主视图中创建的柔体

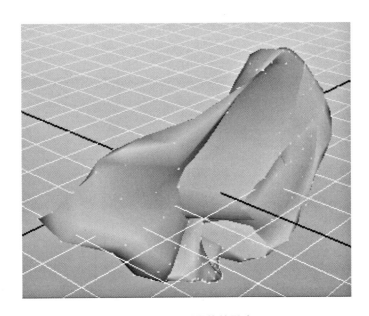

图 9-96　场对柔体的影响

9.4.2　制作皮肤柔体

（1）创建一个曲面球体来模拟皮肤。

（2）在动力学模块下，点击"nParticle＞柔体"后的"▣"图标，打开其选项对话框。

（3）在"创建选项"中，选择"复制，将副本生成柔体"。

（4）勾选"隐藏非柔体对象"和"将非柔体作为目标"后的复选框。单击"创建"或"应用"

按钮。设置权重的值，权重的值越低，皮肤微动效果越明显。如图 9-97 所示。创建完成后，权重值可在属性面板的"NURBS 球粒形状的拷贝"标签下"目标权重和对象"属性组中更改。

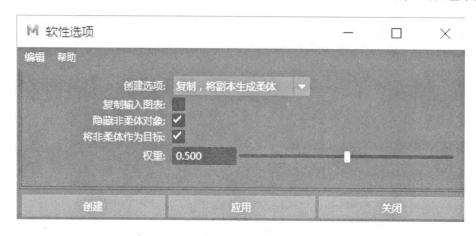

图 9-97　创建柔体选项

（5）选中柔体，为柔体添加干扰场。

（6）播放动画，观看皮肤微动效果。

（7）如果效果不明显，可以在属性编辑器中减小物体的权重值，如图 9-98 所示，或增加"干扰场"的强度大小。

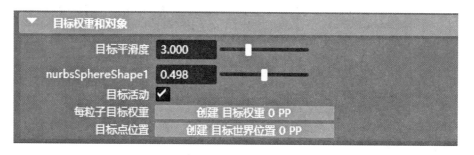

图 9-98　权重属性面板

9.4.3　权重笔刷的使用

若要在上例中的某些区域增加或减少微动效果，可以使用权重笔刷改变柔体的粒子目标权重。

（1）点击"nParticle＞绘制柔体权重工具"后的"■"图标，打开其选项面板。

（2）选中柔体，发现柔体表面呈白色，此为可绘画状态，如图 9-99 所示。

（3）调节笔刷大小和不透明度，如图 9-100 所示，选择适当的数值，在柔体表面绘制目标权重，数值越大，柔体的粒子目标权重越高，柔体受目标物体的约束就越大，发生的形变就越小，"涌出"的效果为将整个柔体赋予同一个目标权重，如图 9-101 所示。

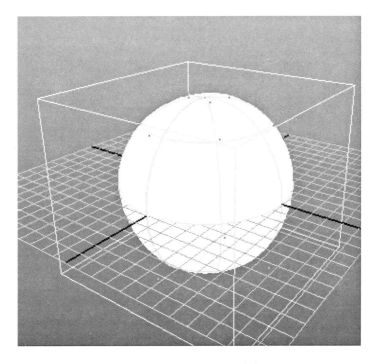

图 9-99　呈会话状态的柔体表面

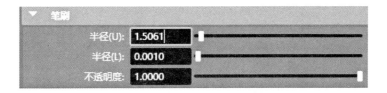

图 9-100　笔刷大小和不透明度

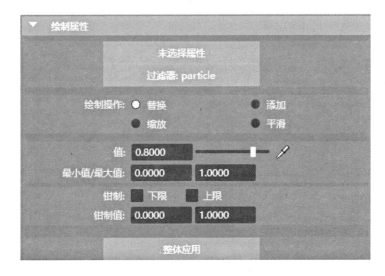

图 9-101　"绘制属性"面板中的值和"整体应用"按钮

（4）绘制好后，播放动画，观看效果，发现被较低数值的笔刷绘制过的地方，形变量较大。使用笔刷前后效果如图 9-102、图 9-103 所示。

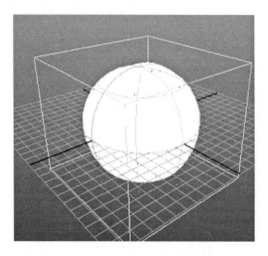

图 9-102　使用笔刷前

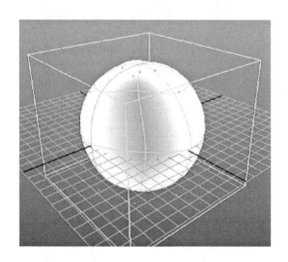

图 9-103　使用笔刷后

9.4.4　制作晶格柔体

（1）创建曲面球体并选中，执行"动画＞创建变形＞晶格"命令，为 NURBS 球体创建晶格。

（2）选中晶格，点击"nParticle＞柔体"后的"▣"图标，打开其选项对话框。

（3）在"创建选项"中，选择"复制，粘贴柔体"。

（4）单击"创建"或"应用"按钮，完成晶格柔体的创建。

（5）选中晶格柔体，为其添加干扰场。

（6）播放动画，观看效果，如图 9-104 所示。

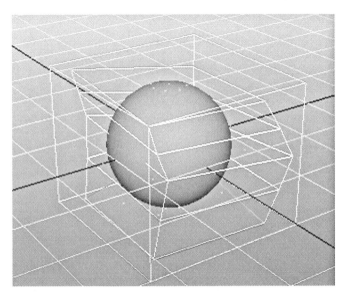

图 9-104　晶格柔体效果图

9.4.5　制作曲线柔体

（1）创建 NURBS 曲线。

（2）选中 NURBS 曲线，点击"nParticle＞柔体"后的"■"图标，打开其选项对话框。

（3）在"创建选项"中，选择"生成柔体"。

（4）单击"创建"或"应用"按钮，完成曲线柔体的创建，如图 9-105 所示。

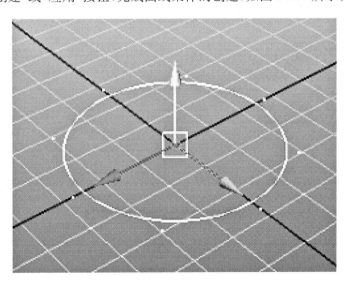

图 9-105　曲线柔体

（5）选中曲线柔体，为其添加干扰场。

（6）播放动画，观看效果，如图 9-106 所示。

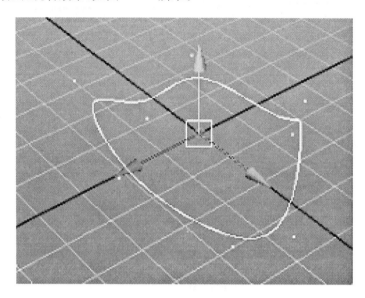

图 9-106　受扰乱场影响的曲线柔体

9.4.6　制作 IK 控制柄柔体

（1）使用"骨架＞创建关节"和"骨架＞创建 IK 控制柄"，建立骨骼和 IK 控制柄，如图 9-107 所示。

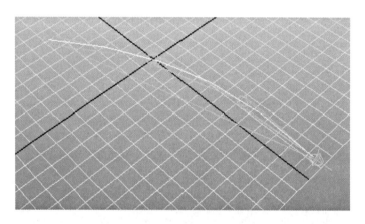

图 9-107　骨骼和 IK 控制柄

（2）选中曲线，按 F4 切换到曲面模式，选择"编辑曲线＞新建曲面"后的"▣"图标，在选项对话框中将跨度数的值提升到 10，这样生成柔体后有更好的效果。

（3）选中曲线，选择"nParticle＞柔体"后的"▣"图标，在弹出的选项对话框中，将"创建选项"设置为"生成柔体"，单击"创建"按钮。

（4）选中柔体，为其添加干扰场。

（5）播放动画，观看效果，如图 9-108 所示。

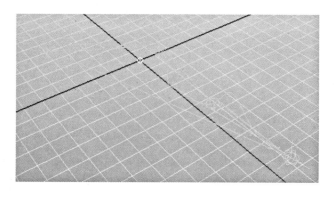

图 9-108 受扰乱场影响的效果图

9.4.7 制作运动路径柔体

（1）创建一条运动路径，如圆环。

（2）点击"nParticle＞柔体"后的" "图标，打开其选项对话框。

（3）在"创建选项"中，选择"生成柔体"。

（4）单击"创建"或"应用"按钮，完成运动路径柔体的创建。

（5）选择路径柔体，为其添加干扰场，并将时间设置为 300 帧。

（6）为观看运动路径柔体的效果，再创建一个物体，为其制作路径动画，即依次选中物体、路径，执行动画模块下的"动画＞运动路径＞连接到运动路径"命令。

（7）播放动画，观看效果，如图 9-109、图 9-110 所示。

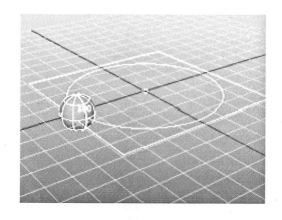

图 9-109 第 1 帧效果图

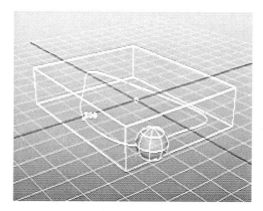

图 9-110 第 35 帧效果图

9.4.8 复制柔体

（1）创建并选择需要复制的柔体。

（2）单击"编辑＞特殊复制"后的"▣"图标，弹出选项对话框。

（3）在选项对话框中，勾选"复制输入图表"前的复选框。

（4）单击"应用"，完成复制。

9.4.9　在物体内部或两物体之间创建弹簧

若要在物体内部或两物体之间创建弹簧，必须先将其转化为柔体。此处以在两物体之间创建弹簧为例。

（1）创建两个多面体立方体，彼此移开一定的距离。

（2）将二者选中，执行"nParticle＞柔体"，然后再执行"nParticle＞创建弹簧"，可打开其选项对话框，设置好相应的参数后，点击"创建"或"应用"。

（3）为其中一个立方体设定关键帧，使其运动，观看弹簧效果，如图 9-111、图 9-112 所示。

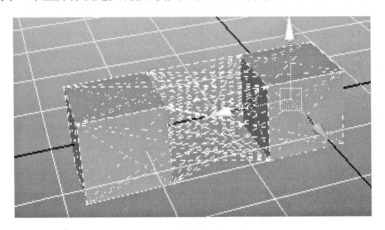

图 9-111　第 1 帧效果

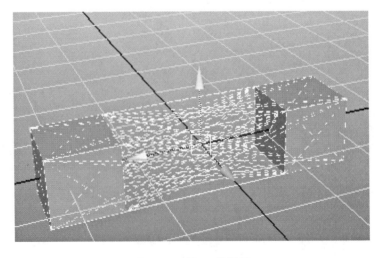

图 9-112　第 50 帧效果

（4）如果要更改弹簧的属性，可选中弹簧，打开属性编辑器，对其属性参数进行调节，如图 9-113 所示。

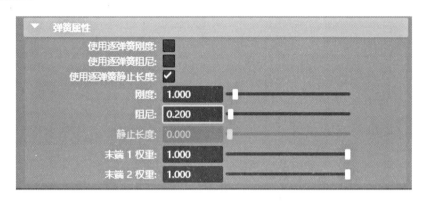

图 9-113　弹簧属性面板

9.4.10　在发射的粒子上创建弹簧

（1）执行"nParticle＞创建发射器"。

（2）为便于观看效果，将"粒子渲染类型"设置为"球体"，其半径属性设置为 0.1，发射速率设置为 10。

（3）播放动画，选择已发射的粒子物体，执行"nParticle＞创建弹簧"命令。

（4）重新播放动画，观看效果，如图 9-114 所示。

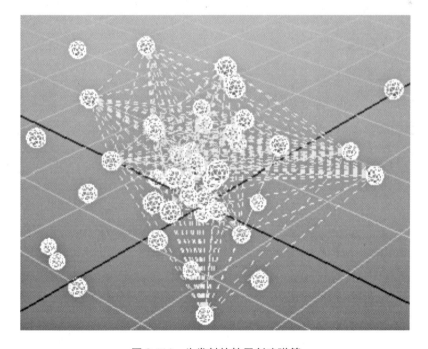

图 9-114　为发射的粒子创建弹簧

9.4.11 为物体关联已存在的弹簧

（1）在两物体间创建弹簧,效果如图 9-115 所示。

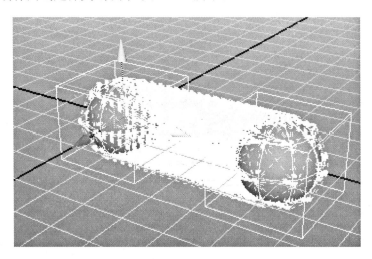

图 9-115   在两物体间创建弹簧效果图

（2）选择预关联到已存在弹簧上的物体,按住 Shift 键,加选弹簧。

（3）单击"nParticle＞创建弹簧"后的"▣"图标,打开其选项对话框。

（4）勾选"添加到现有弹簧"前的复选框,然后单击"创建"或"应用",如图 9-116 所示。

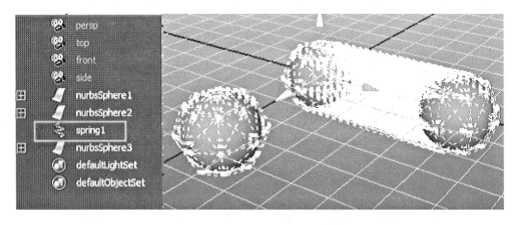

图 9-116   为物体关联已存在弹簧的效果

注意:物体在创建或关联到弹簧之前必须转化为柔体。

9.5　粒子模拟液体

本节中我们将使用粒子来模拟水流的效果。影响水流中水滴效果的两个关键因素是粒子的半径和阈值,这两个因素决定了生成出来的粒子:半径决定了单个粒子的尺寸,半径越大,水滴也就越大;阈值决定了水滴之间相互凝聚的程度,阈值越大,凝聚力就越强,水滴就越容易凝聚。以下是具体创建过程:

创建一个粒子发射器,点击"播放",让它产生一些粒子,选中这些粒子,在右侧的 ParticleShape1 属性面板中,将粒子的渲染类型改变为滴状曲面,如图 9-117 所示。

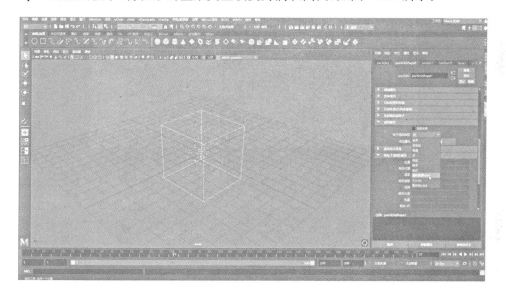

图 9-117　更改粒子渲染类型

给粒子添加材质:点击鼠标右键弹出快捷菜单,选择"指定收藏材质＞Phone E",这种材质可模拟玻璃、塑料或液体等。如图 9-118 所示。

点击"窗口＞渲染编辑器＞HyperShade",编辑材质本身,使材质看起来更像水的效果。为了让粒子能够产生水一样的渲染效果,首先需要重新编辑采样器信息,包括颜色、环境色和透明度三个方面,所以需要创建三个采样器信息节点,如图 9-119 和图 9-120 所示。

采样器信息的正面比,也即摄像机对着物体的角度不同,物体显示的颜色、透明度等都会有所差别。为显示这种颜色的差别,使用混合颜色来模拟。首先把采样器信息(Sampleinfo)Sampleinfo1 节点的正面比连接到任意融合颜色(blendcolor)节点,连接到混合器,再将 blendercolor 节点的输出连接到材质的颜色属性上面,如图 9-121 和图 9-122 所示。同样,把 Sampleinfo2 节点的正面比连接到另一 blendcolor 节点,连接到混合器,再将 blendercolor 节点的输出连接到环境色。然后,把 Sampleinfo3 节点的正面比连接到最后一个 blendcolor

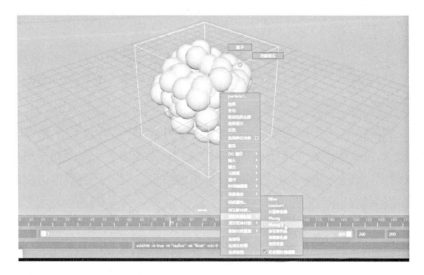

图 9-118　添加材质

图 9-119　编辑粒子材质

图 9-120　添加三个采样器信息节点

节点,连接到混合器,再将 blendercolor 节点的输出连接到透明度,如图 9-123 所示。

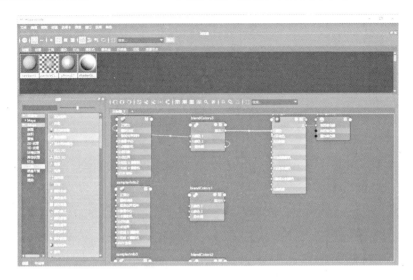

图 9-121　将融合颜色节点输出到 Phone E 材质节点颜色属性

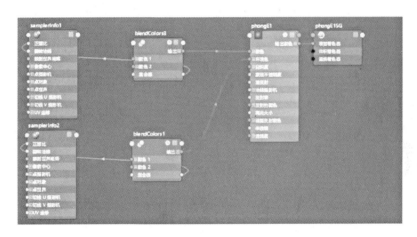

图 9-122　将融合颜色节点输出到 Phone E 材质节点环境色属性

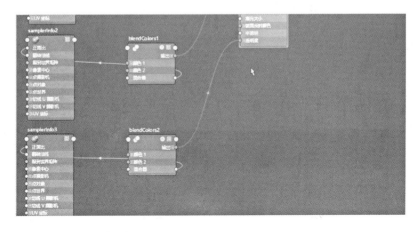

图 9-123　将融合颜色节点输出到 Phone E 材质节点透明度属性

    三个混合器创建出来之后,默认的两个颜色是红色和蓝色。经过渲染可以看到液体颜色为紫色,通过改变混合颜色,就可以改变液滴本身的色彩属性,使液滴材质更像水。如图9-124、图9-125 所示。

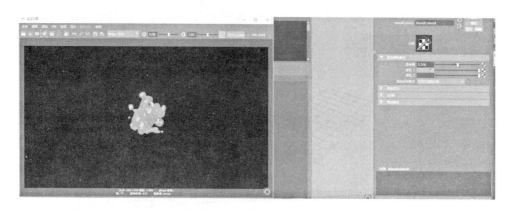

图 9-124   默认渲染颜色

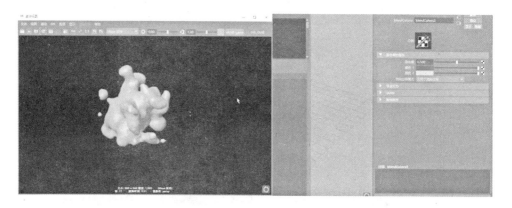

图 9-125   改变渲染混合颜色

    环境色决定液滴所处环境的光线,也会在很大程度上影响液滴的效果。如图 9-126 所示。

图 9-126   改变环境色

透明度一般使用灰度来表示，使用的颜色越亮，对应的区域透明度就越高。如图 9-127 所示。

图 9-127　改变透明度

现在已经大致模拟出了液滴的效果。接下来给液滴添加一个简单动画，使液滴围绕着一个圆做圆周运动。选中发射器和曲线，在动画菜单下点击"约束＞运动路径＞连接到运动路径"命令，可以看到，发射器运动时不断发射出粒子，粒子沿着圆形的轨迹排列。如图 9-128、图 9-129 所示。

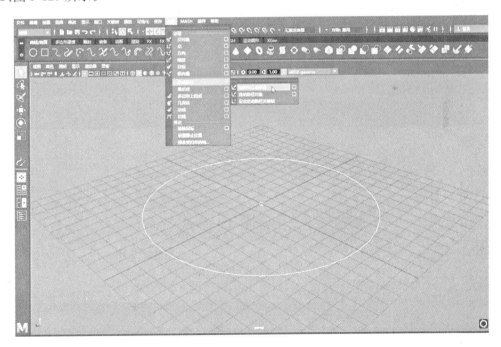

图 9-128　添加运动约束

调整液滴粒子的构成参数，使最终生成出来的液滴更加逼真。如图 9-130 所示。

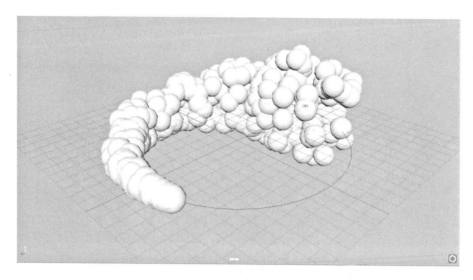

图 9-129　液滴动画效果

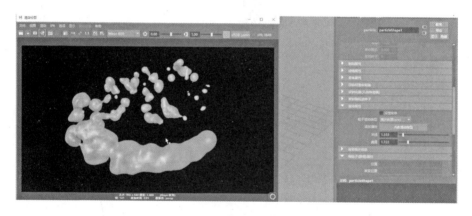

图 9-130　再次调整液滴粒子参数

9.6　动力学预置效果

9.6.1　创建火焰效果

可以创建火焰的载体包括物体、CVs、编辑点、顶点或粒子。此处创建一个曲线圆环。

（1）点击"效果>火焰"后的"■"图标，打开火发射器类型选项对话框，如图 9-131 所示。

（2）在其选项对话框中选择曲线，单击"创建"或"应用"，完成火焰的创建。注意：发射器类型依火焰载体类型而定。

（3）打开大纲视图，发现火焰效果创建了发射器、粒子物体和几个场，此外还有表达式、斜面纹理，可通过属性编辑器查看。如图 9-132 所示。

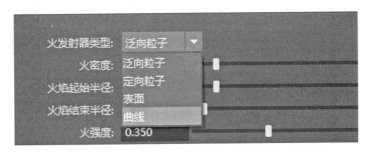

图 9-131　创建火焰效果选项对话框

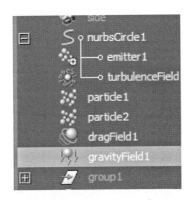

图 9-132　火焰所包括的物体及场

（4）软件渲染单帧，观看火焰效果，如图 9-133 所示。

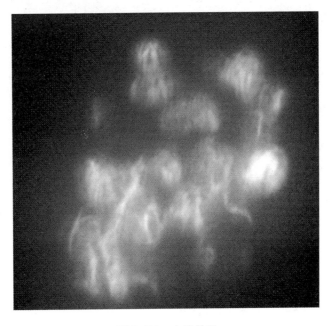

图 9-133　火焰效果

9.6.2　创建烟雾

（1）选择要发射烟雾的物体或 CVs、编辑点、顶点或粒子。或为创建位置发射器，取消所有物体的选择。

（2）选择"效果＞烟"，将 Maya 软件光盘中提供的烟雾图片系列拷贝到项目目录下，并在烟雾效果选项对话框的精灵图片名称处进行相应的设置。

（3）在创建烟雾效果选项对话框中设置相应属性，然后单击"创建"。烟雾效果将创建发射器、发射粒子物体、表达式、振荡场和其他制作烟雾需要的场。

（4）播放动画，观看效果。

9.6.3　创建烟花

（1）点击"效果＞焰火"后的" "图标，打开其选项对话框。

（2）设置火箭数量属性值为 50，点击"创建"或"应用"，创建烟花。

（3）播放动画，观看效果。

（4）渲染单帧，观看效果，如图 9-134 所示。

图 9-134　烟花效果

9.6.4　创建闪电

（1）创建两个以上物体，并将它们选中。

（2）点击"效果＞闪电"后的" "图标，打开其选项对话框，设置相关属性，点击"创建"

或"应用"，在所选的物体间创建闪电。如图 9-135 所示。

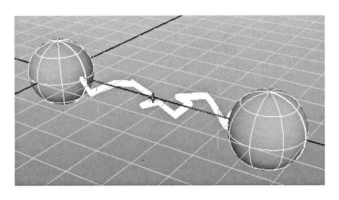

图 9-135　在两个物体之间创建闪电

（3）打开大纲视图和属性编辑器，查看闪电组成并调节其属性值。

（4）软件渲染单帧，观看闪电效果，如图 9-136 所示。

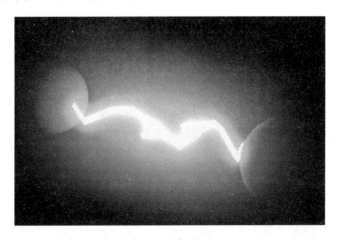

图 9-136　闪电效果

9.6.5　创建曲线流动

（1）创建曲线，并将其选中。

（2）点击"效果＞流＞创建曲线流"后的"▣"图标，打开其选项对话框，设置相关属性，点击"创建"或"应用"，曲线流动效果如图 9-137 所示。

（3）可以看到发射器和流动位置器出现在曲线上。流动位置器是可见的，显示了在动画过程中最大的粒子伸展角度。

（4）打开大纲视图，查看曲线流的组成元素。

（5）播放动画，观看效果。发射粒子沿曲线流动，用户可移动曲线或它的 CVs，控制粒子的流动方向。

（6）选择发射粒子，并使用属性编辑器选择所希望的渲染类型、颜色、不透明性、寿命等。

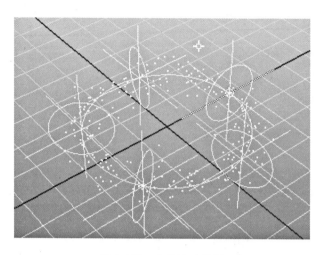

图 9-137 　曲线流动效果

（7）渲染场景，观看效果，如图 9-138 所示。

图 9-138 　渲染单帧效果

9.6.6　伸展或收缩曲线部分的直径

（1）打开上个例子的文件。

（2）选择流动位置器环状物。

（3）使用缩放工具，对其进行伸展或收缩。

（4）因为单位时间内通过流动位置器环状物的粒子量不变，所以伸展环状物，粒子的流动速度减小，收缩环状物，粒子的流动速度变大，如图 9-139 所示。

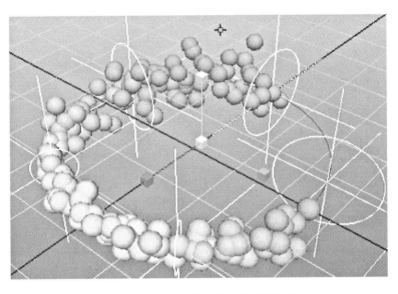

图 9-139 改变环状物直径的粒子流动效果

9.6.7 创建面流动

（1）创建一个曲面平面，并将其选中。

（2）点击"效果＞流＞创建曲面流"后的"▣"图标，打开其选项对话框，设置相关属性，点击"创建"或"应用"。

（3）可以看到一个发射器和流动操作器出现在曲面上。为观看效果，将粒子的渲染类型设置为 Sphere。

（4）播放动画，观看效果，如图 9-140 所示。

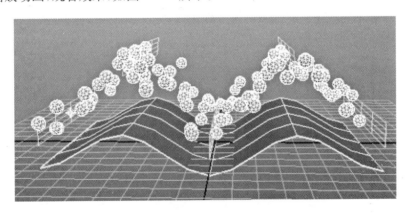

图 9-140 面流动效果

9.7 流 体 系 统

9.7.1 创建 3D 容器

(1) 在 FX 模块下，点击"流体＞3D 容器"后的"▨"图标，打开其选项对话框，如图9-141 所示。

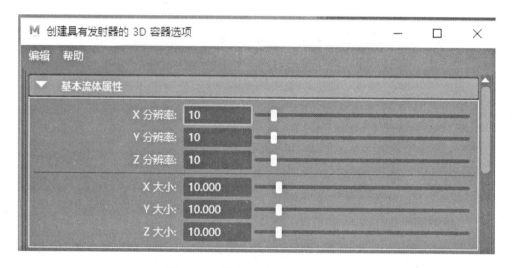

图 9-141 创建 3D 容器选项对话框

(2) 填写容器的分辨率及尺寸的具体参数，然后单击"应用并关闭"或"应用"按钮，完成 3D 容器的创建，如图 9-142 所示。

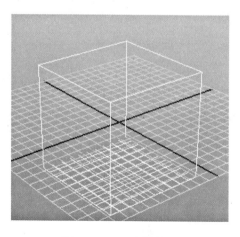

图 9-142 3D 容器效果

9.7.2　创建 2D 容器

（1）点击"流体＞2D 容器"后的"▣"图标，打开其选项对话框，如图 9-143 所示。

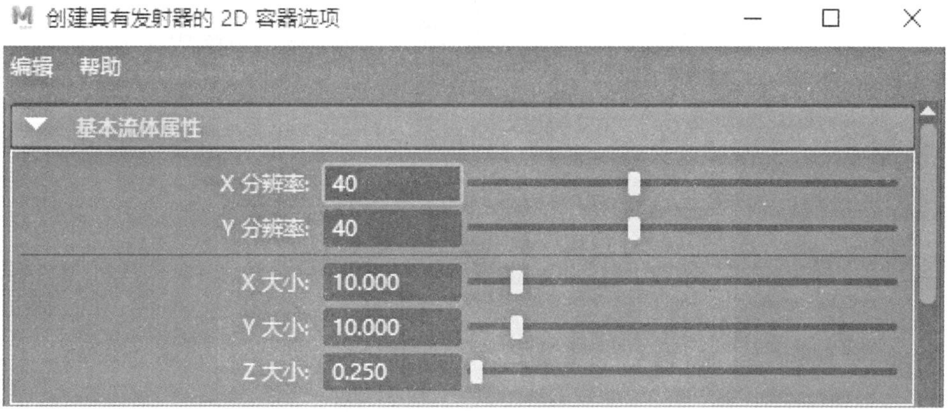

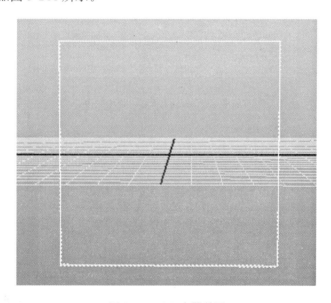

图 9-143　创建 2D 容器选项对话框

（2）填写容器的分辨率及尺寸的具体参数，然后单击"应用并关闭"或"应用"按钮，完成 2D 容器的创建，如图 9-144 所示。

图 9-144　2D 容器效果

9.7.3　在 3D 或 2D 容器中创建发射器

这里以在 3D 容器中创建一个发射器为例，2D 容器中的操作与此类似。

（1）在场景中创建一个 3D 容器。

（2）选中 3D 容器，选择"流体＞添加/编辑容器＞发射器"后面的"■"图标，打开其选项对话框，如图 9-145 所示。

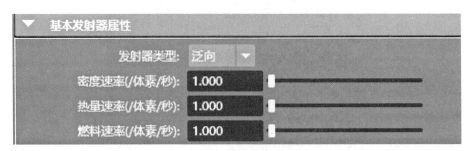

图 9-145 在容器中创建发射器的选项对话框

（3）设置发射器类型、密度速率、热量速率、燃料速率等参数值，单击"应用并关闭"或"应用"按钮。

（4）点击"播放"，观看效果，如图 9-146 所示。

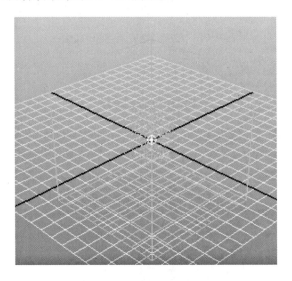

图 9-146 以 3D 容器中发射粒子效果图

在 3D 容器中创建发射器也可通过执行"流体效果＞创建 3D 发射器"命令进行。

9.7.4 从物体发射流体

（1）在场景中创建一个 3D 容器。

（2）在 3D 容器中创建一个曲面球体和一个曲线圆环，如图 9-147 所示。

（3）依次选中 3D 容器、NURBS 球体，点击"流体＞添加/编辑容器＞发射器"后面的"■"图标，打开其选项对话框，如图 9-148 所示。

（4）设置发射器类型、密度速率、热量速率、燃料速率等参数值，单击"应用并关闭"或"应用"按钮。

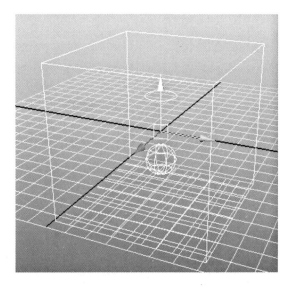

图9-147　在 3D 容器中创建一个曲面球体和一个曲线圆环

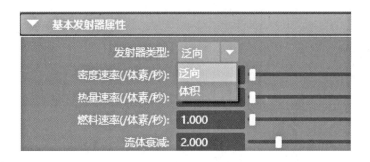

图 9-148　在容器中创建发射器选项对话框

（5）点击"播放"，观看效果，如图 9-149 所示。

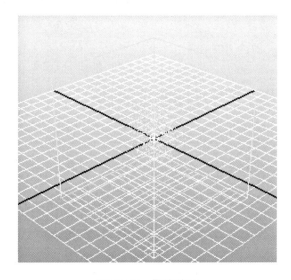

图 9-149　最终效果

9.7.5 创建渐变流体

（1）在场景中创建一个 2D 容器。（注：2D 容器比 3D 容器渐变效果明显。）

（2）点击"流体＞添加/编辑内容＞渐变"后面的"▣"图标，打开其选项对话框，如图 9-150 所示。

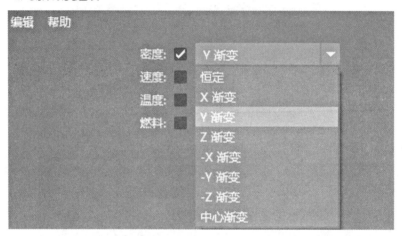

图 9-150　流体渐变选项对话框

（3）设置密度、速度、温度、燃料等属性的渐变方式，单击"应用并关闭"或"应用"按钮。

（4）点击"播放"，观看效果，如图 9-151 所示。

图 9-151　渐变流体效果

9.7.6 流体画笔工具

(1) 在场景中创建一个 3D 容器。

(2) 点击"流体＞添加/编辑内容＞绘制流体工具"后面的"▦"图标，打开其选项对话框。

(3) 在"绘制属性"下选择"可绘制属性"类型，如图 9-152 所示。

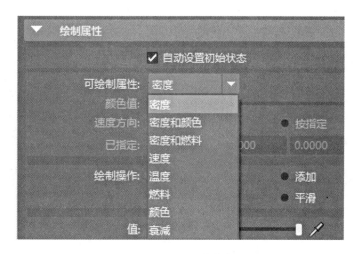

图 9-152　画笔工具绘制属性对话框

(4) 设置笔刷的其他选项，在 3D 容器中进行流体绘制，如图 9-153 所示。

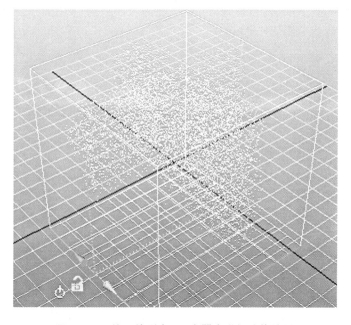

图 9-153　使用笔刷在 3D 容器中进行流体绘制

9.7.7　从曲线发射流体

（1）在场景中创建一个 3D 容器。

（2）在 3D 容器中创建一个曲线圆环。

（3）依次选中 3D 容器、曲线圆环，点击"流体＞添加/编辑内容＞连同曲线"后面的"▢"图标，打开其选项对话框，如图 9-154 所示。

图 9-154　从曲线发射流体选项对话框

（4）设置密度、速度、温度、燃料等属性值，单击"应用并关闭"或"应用"按钮。

（5）点击"播放"，观看效果，如图 9-155 所示。

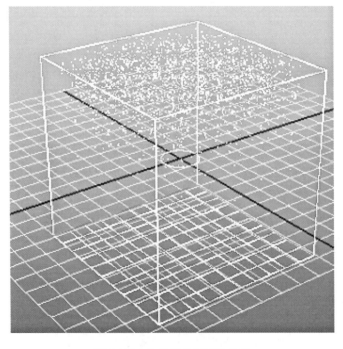

图 9-155　从曲线发射流体效果

9.7.8　初始状态创建流体

（1）在场景中创建一个 3D 容器。

（2）点击"流体＞添加/编辑内容＞初始状态"后面的"■"图标，打开其选项对话框，如图 9-156 所示。

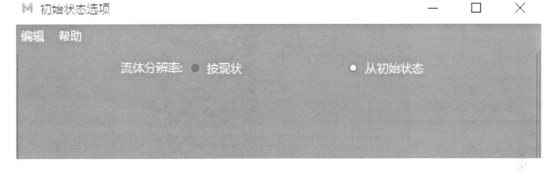

图 9-156　初始状态选项对话框

（3）选择流体的分辨率，单击"应用并关闭"或"应用"按钮。

（4）在弹出的内容浏览器对话框中选择预设流体，然后用鼠标中键将其拖拽至 3D 容器中，完成使用初始状态对流体的创建，如图 9-157 所示。

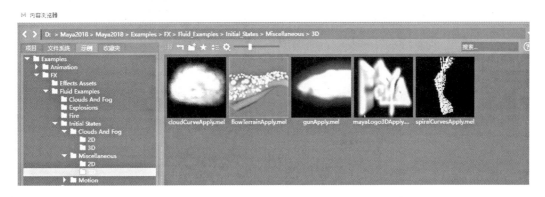

图 9-157　取景器中的流体初始状态

9.7.9　获取流体实例

（1）选择"流体＞获取示例"，如图 9-158 所示。

（2）在内容浏览器中选择流体示例，使用鼠标中键将其拖拽至场景中，或在流体示例的图标上右键单击然后选择导入。

（3）渲染单帧，观看效果，如图 9-159 所示。

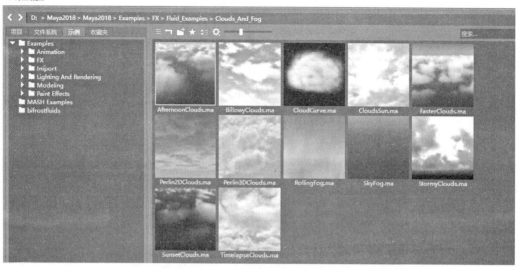

图 9-158　取景器中的流体示例

图 9-159　流体示例效果

9.7.10　创建海洋

（1）点击"流体＞海洋"后面的"▦"图标，打开其选项对话框，如图 9-160 所示。

图 9-160　创建海洋选项对话框

（2）勾选"附加到摄影机"前的复选框，可以将海洋连接到摄影机。

（3）勾选"创建预览平面"前的复选框，可以创建预览平面。可以将其理解为海洋的"地图"。

（4）点击"创建海洋"或"应用"完成海洋的创建，如图 9-161 所示。

图 9-161　海洋效果

9.7.11　创建海洋尾迹

（1）在场景中创建一个海洋。

（2）选中海洋，点击"流体＞创建尾迹"后面的"▣"图标，打开其选项对话框，如图 9-162 所示。

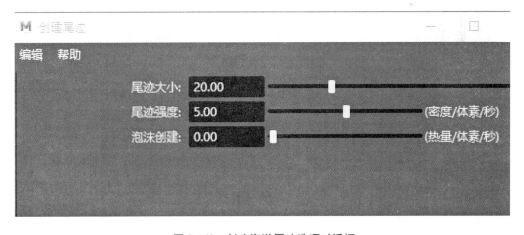

图 9-162　创建海洋尾迹选项对话框

（3）设置尾迹大小、尾迹强度、泡沫创建等属性值，点击"创建尾迹"或"应用"完成海洋尾迹的创建。

（4）为场景添加一个环境光，选择效果明显的两帧渲染，观看效果，如图 9-163、图 9-164 所示。

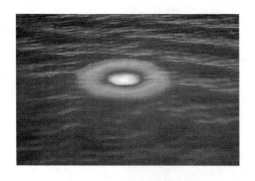

图 9-163　海洋尾迹效果 1

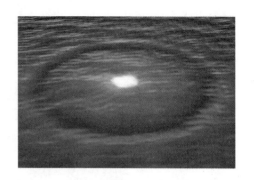

图 9-164　海洋尾迹效果 2

9.7.12　添加海洋表面定位器

（1）在场景中创建一个海洋。

（2）选中海洋，选择"流体＞添加动力学定位器"。

（3）在海平面上创建一个物体。

（4）依次选中物体、定位器，按快捷键 P，将物体设置为定位器的子物体。

（5）播放动画，观察到物体跟随波浪一起运动，如图 9-165、图 9-166 所示。

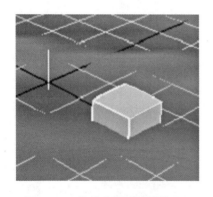

图 9-165　海洋表面定位器效果 1

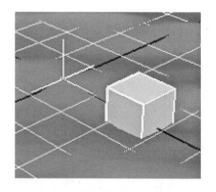

图 9-166　海洋表面定位器效果 2

添加动态定位器、添加船定位器、添加动态浮标等方法类似，此处不再详述。

9.7.13　漂浮所选物体

（1）在场景中创建一个海洋。

（2）在海平面上创建一个物体。

（3）选中物体，选择"流体＞创建船＞漂浮选定对象"。

（4）播放动画，观察到物体跟随波浪一起运动，如图 9-167、图 9-168 所示。

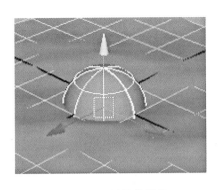

图 9-167 漂浮物体效果 1

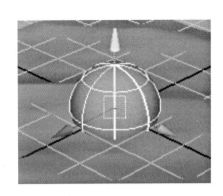

图 9-168 漂浮物体效果 2

9.7.14 创建小船

（1）在场景中创建一个海洋。

（2）在海平面上创建一个物体。

（3）选中物体，选择"流体＞创建船＞生成船"，打开其选项对话框。

（4）打开属性编辑器的 LocatorShape 标签，在"附加属性"属性组下，可以对浮力、水阻尼、空气阻尼、船体长度、船体宽度等参数进行调节，如图 9-169 所示。

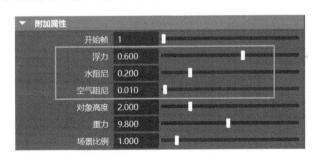

图 9-169 创建小船选项对话框

（5）播放动画，观察到小船跟随波浪一起运动，如图 9-170、图 9-171 所示。

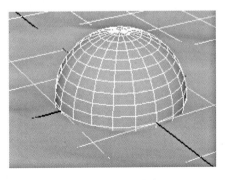

图 9-170 小船漂浮效果 1

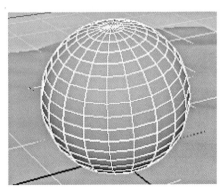

图 9-171 小船漂浮效果 2

9.7.15　流体碰撞

（1）在场景中创建 3D 容器，并为其添加发射器。

（2）在容器中创建一个多面体平面。

（3）依次选中流体和几何体，执行"流体＞使碰撞"命令。

（4）播放动画，观看效果，如图 9-172 所示。

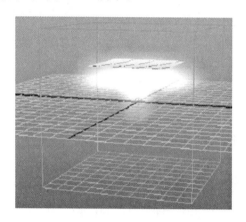

图 9-172　流体与物体碰撞效果

9.7.16　为流体设置初始状态

（1）打开上一部分的场景。

（2）播放动画，在 50 帧处停止。

（3）执行"流体＞设置初始状态"命令。

（4）重新播放动画，发现第 1 帧从之前第 50 帧的状态处开始播放，如图 9-173、图9-174 所示。

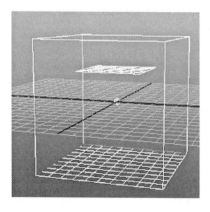 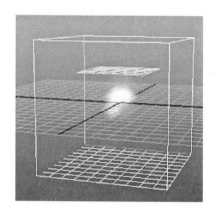

图 9-173　设置初始状态前的第 1 帧　　　　图 9-174　设置初始状态后的第 1 帧

9.8 流 体 案 例

9.8.1 下雨效果

（1）在场景中创建一个 NURBS 平面，并在其 Inputs 输入节点中将 U、V 方向的面片数都增加至 50，目的是产生更多的雨滴，如图 9-175 所示。

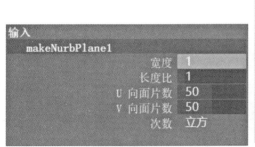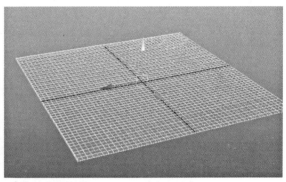

图 9-175 创建一个 NURBS 平面

（2）选中 NURBS 平面，在 FX 模块下，打开"nParticle＞从对象发射"的选项对话框，如图 9-176 所示，将"发射器类型"设置为"表面"。此操作也可在发射器创建后在属性编辑器中修改。

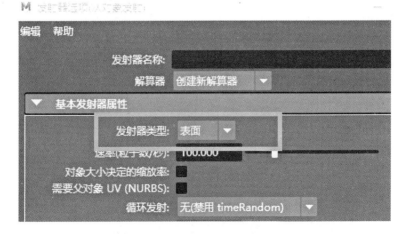

图 9-176 将"发射器类型"选择为"表面"

（3）选中粒子，选择"场/解算器＞重力"，为雨滴添加重力场，如图 9-177 所示。

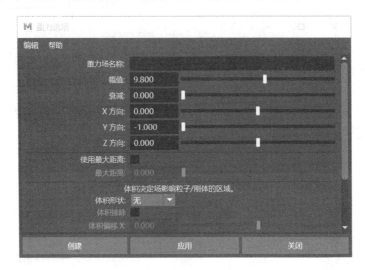

图 9-177 为雨滴添加重力场

（4）打开属性编辑器，将着色中的粒子渲染类型设置为条纹，将"尾部褪色"和"尾部大小"分别设置为 0.2 和 0.5，如图 9-178 所示。

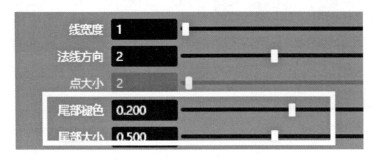

图 9-178 设置"尾部褪色"和"尾部大小"

（5）为雨滴添加粒子颜色属性，将 RGB 三色属性分别设置为 0.8、0.8、1.0，如图 9-179 所示。

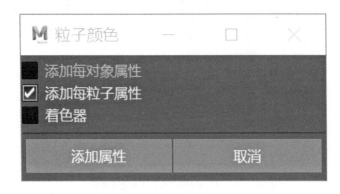

图 9-179 为雨滴添加粒子颜色属性

（6）将发射速率调整为 500，增加场景中的雨滴数量，如图 9-180 所示。

图 9-180　将发射速率调整为 500

（7）将时间轴调整为 240 帧，播放动画，效果如图 9-181 所示。

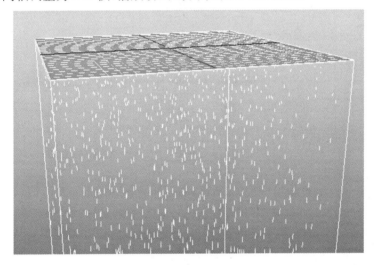

图 9-181　动画效果

（8）选中主摄像机，执行工作区菜单命令"视图＞图像平面＞导入图像"，在打开的对话框中选择文件，如 sourceimages 文件夹中的 rain.jpg，并在属性面板中单击"适应分辨率门"按钮，使背景与显示窗口相匹配，如图 9-182 所示。

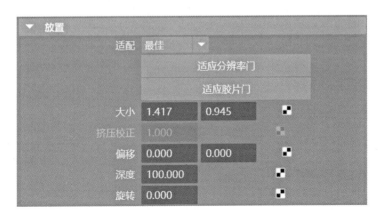

图 9-182　使背景与显示窗口相匹配

（9）最终渲染效果如图 9-183 所示。

图 9-183 　最终效果

9.8.2 　酒精灯

（1）使用 EP 工具创建酒精灯轮廓，执行"曲面＞旋转"命令，得到酒精灯曲面。

（2）为酒精灯创建 Blinn 节点，并为其透明度和反射率属性创建融合颜色节点，控制其透明度和反射度，为其"反射的颜色"属性添加"环境铬"环境节点。

（3）将酒精灯灯身隐藏，创建流体，用其模拟火焰效果，如图 9-184 所示。

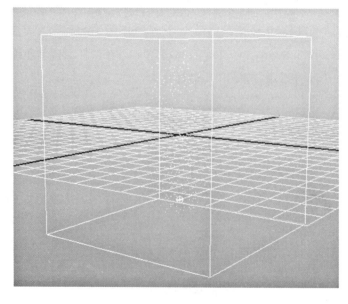

图 9-184 　创建流体

（4）将"温度"属性、"燃料"属性都设置为"动态栅格"，如图 9-185 所示。

图 9-185　"内容方法"面板

（5）将"密度"属性参数调节至如图 9-186 所示。

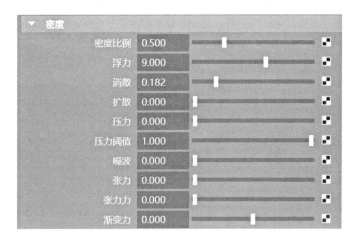

图 9-186　密度属性

（6）将"速度"属性参数调节至如图 9-187 所示。

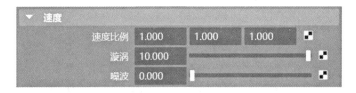

图 9-187　速度属性

（7）将"紊乱场"属性参数调节至如图 9-188 所示。

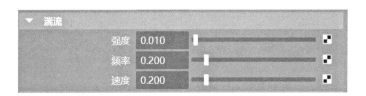

图 9-188　紊乱场属性

（8）将"温度"属性参数调节至如图 9-189 所示。

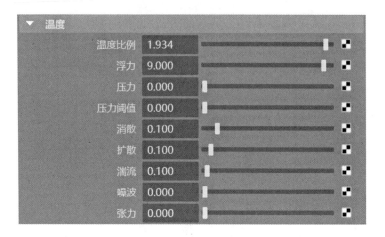

图 9-189　温度属性

（9）将"燃料"属性参数调节至如图 9-190 所示。

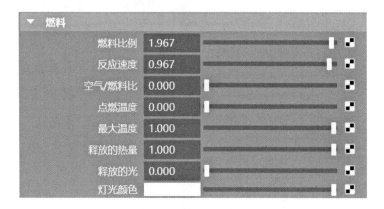

图 9-190　燃料属性

（10）为场景布置灯光，渲染。

9.9　同　步　测　试

1. Maya 动力学特效制作需要在什么模块下进行？（　　　）

　　A. 建模

　　B. 装备

　　C. 动画

　　D. FX

2. 下面哪项操作可以创建向物体发射粒子场景？（　　　）

    A. nParticle＞创建发射器

    B. nParticle＞创建目标

    C. nParticle＞目标

    D. nParticle＞发射

3. 粒子模拟液体,渲染类型应改为以下哪种?（　　　）

    A. 条纹

    B. 滴状曲面(S/W)

    C. 液滴

    D. 液状曲面(S/W)

4. (多选)"粒子"课程视频中,提到以下哪两种创建粒子的方式?（　　　）

    A. nParticle＞粒子工具

    B. nParticle＞粒子发射器

    C. nParticle＞创建发射器

    D. 创建物体＞nParticle＞从对象发射

5. (多选)以下关于调用 Maya 预置的动力学效果的说法哪些是正确的?（　　　）

    A. 通过"创建＞动力学效果"调用

    B. 通过"效果"菜单创建

    C. 预置动力学效果可以直接创建

    D. 预置动力学效果创建之前需要在场景中建立合适的对象

第 10 章　摄像机跟踪合成

在本章中,我们将使用 Nuke 的摄像机跟踪功能,实现动画物体与视频的融合。

10.1　读入素材及镜头畸变矫正

首先使用快捷键 R 导入素材,如图 10-1 所示。

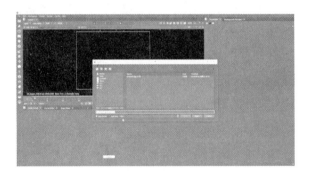

图 10-1　导入素材文件

将导入的素材与 Viewer 连接,预览效果,如图 10-2 所示。

图 10-2　预览效果

我们将使用 Nuke 中的摄像机跟踪来追踪视频摄像机的轨迹,并导出虚拟摄像机的轨迹用于合成 3D 动画,最终将 3D 动画与现实的视频合成为同步运动的视频。

首先要对视频中摄像机造成的畸变进行矫正。导入另外一个素材,该素材是使用与前一视频素材相同的摄像机拍摄的网格视频，如图 10-3 所示。可以看到，该视频中的网格存在畸变。

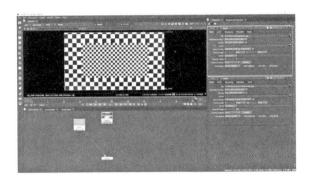

图 10-3　导入网格素材与 Viewer 连接

对网格增加一个 Lensdistortion 节点，用于分析摄像机造成的畸变的数据，然后我们可以利用该数据进行畸变矫正。如图 10-4 所示。

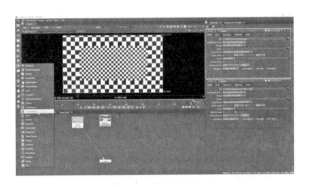

图 10-4　添加 Lensdistortion 节点

在 Lensdistortion 的属性面板中点击"Detect"进行分析，完成后点击"Solve"进行解算。通过对摄像机拍摄到的网格与原始的所有线条都是水平或竖直的网格之间的偏差进行解算，就可以得到畸变的数据。如图 10-5 所示。

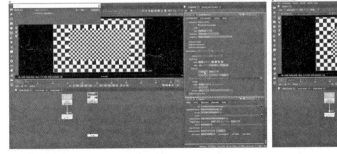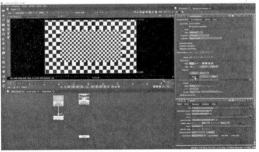

图 10-5　点击 Detect 和 Solve 进行畸变分析

在 Output 中将 Mode 设置为 Undistort，会看到软件对网格素材的畸变进行了矫正，此时的 Lensdistortion 节点已经记录了摄像机畸变的数据。接下来将网格素材与 Lensdistortion 断开,将需要使用的公园中的视频与该节点连接。如图 10-6 所示。

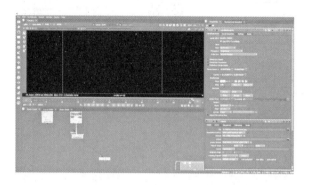

图 10-6   将视频素材与 Lensdistortion 节点连接

10.2   摄像机跟踪及输出

接下来进行摄像机跟踪。选中 Lensdistortion 节点,点击"Camera Tracker",在它的下方添加一个 Camera Tracker 节点。然后在 Camera Tracker 的属性面板中点击"Track",Nuke 会自动对视频中的特征点进行跟踪。同样,在完成 Track 后,点击"Solve"解算出摄像机的轨迹。如图 10-7 所示。

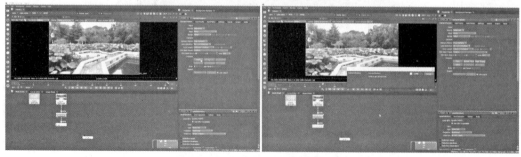

图 10-7   通过 Camera Tracker 跟踪解算摄像机运动轨迹

解算完成后的视频中会出现许多的特征点以及它们的轨迹。要在该视频中放置 3D 虚拟物体,首先需要确定该物体放置的位置,我们将在视频中选取三个点确定一个平面来放置虚拟物体。首先选中一个点单击鼠标右键,然后选择"Create＞Axis",创建一个坐标轴,然后在属性面板中的 Scale 处调节尺寸。对接下来的两个点也进行相同的操作。如图 10-8所示。

图 10-8　给参照点创建坐标轴

完成对参考点的设置后,对 Camera Tracker 进行设置。选中"Camara Tracker",在右侧的属性面板中点击"Export＞Scene＋",然后点击"Create",在节点图中创建 Scene 节点。如图 10-9 所示。

图 10-9　创建 Scene 节点

在节点网络旁边还有三个游离的 Axis 节点,将三个 Axis 节点连接到 Scene 节点上。如图 10-10 所示。

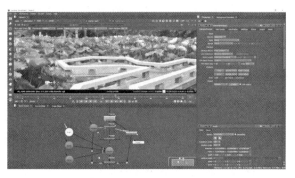

图 10-10　将 Axis 节点连接到 Scene 节点

选中 Scene 节点，在左侧工具栏中选择"Geometry＞WriteGeo"，为其创建一个 Write-Geo 节点，然后在右侧属性面板中点击 File 处的文件夹图标选择文件，将创建的 Scene 储存在一个 fbx 文件中，该文件可以在 3D 建模软件中被打开。如图 10-11 所示。

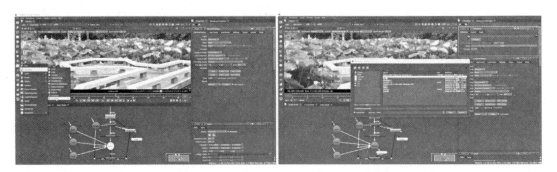

图 10-11   将 Scene 节点保存在 fbx 文件中

10.3   在 Maya 中导入摄像机进行场景设计

切换到 Maya 软件，打开上文中保存的 cam.fbx 文件，在 Maya 的透视面板下可以看到出现了一个新的摄像机 Camera1，这就是我们通过 Nuke 跟踪解算得到的摄像机及其运动情况。如图 10-12 所示。

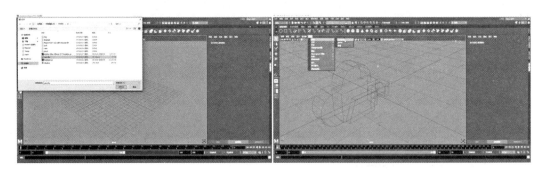

图 10-12   将 fbx 文件导入 Maya 中

在 Persp 视图下，选中之前创建的三个参考点，使用笔刷工具在三个参考点之间绘制物体，然后按下 Insert 键将物体的枢轴点移动到物体的中心，以便于随后的拖动，完成后再按 Insert 键恢复。如图 10-13 所示。

在"面板＞视图"中将摄像机切换到 Camera1，在该摄像机镜头下预览物体，并进行角度调整，使其更加美观。在 Persp 视图和 Camera1 下切换观察，不断调整物体位置，直到满意。注意将物体放置在三点确定的平面上。如图 10-14 所示。

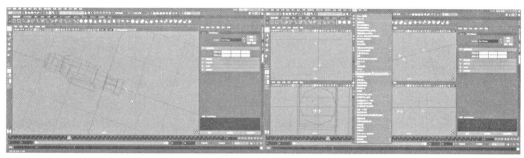

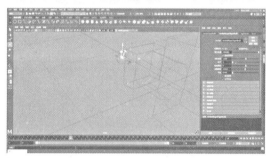

图 10-13　用笔刷绘制物体并调整枢轴点位置

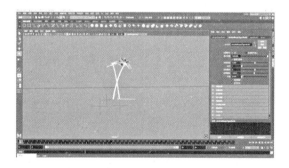

图 10-14　在 Camera1 视角下调整花朵物体的位置

接下来进行渲染设置。设置文件名和输出格式，设置帧拓展名时，我们选择"名称.♯.拓展名"格式，输出的文件名中"♯"将被帧的编号代替。设置渲染的开始帧和结束帧，设置可渲染摄像机为 Camera1，将渲染的分辨率设置为和公园视频素材相同，然后设置渲染质量。如图 10-15 所示。

选择"视图＞摄像机设置＞分辨率门"，在该视图下预览效果。如图 10-16 所示。

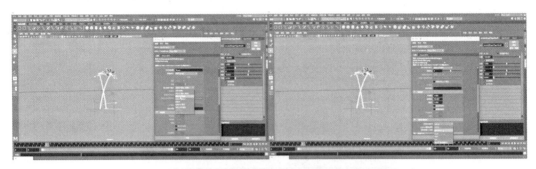

图 10-15　进行渲染设置

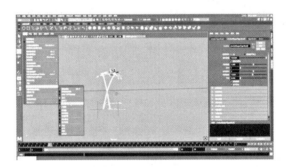

图 10-16　预览效果

切换到渲染模块，选择"渲染＞批渲染"，逐帧渲染摄像机 Camera1 视角下的动画。如图 10-17 所示。

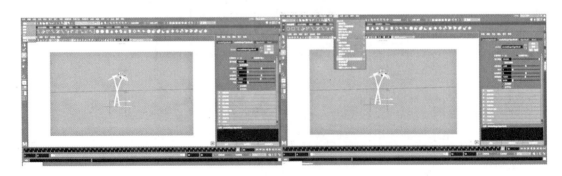

图 10-17　对动画图像进行批渲染

10.4　动画与视频的融合

回到 Nuke 软件，导入渲染好的动画。为了使动画能够与视频融合，需要添加一个
Merge 节点，如图 10-18 所示。

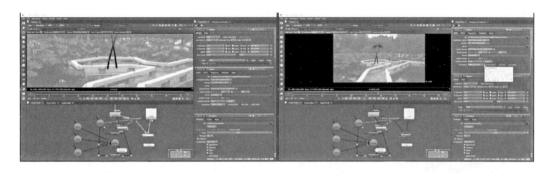

图 10-18　添加 Merge 节点

将 Merge 的输出连接到 View 节点，将 A 端连接到动画，B 端连接到"Camera Tracker"。
在花朵动画的属性面板中，勾选"Premultiplied"。这时花朵的动画就融入到公园的视频当
中，并且与摄像机的运动是同步的。如图 10-19 所示。

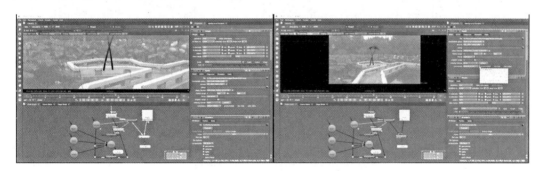

图 10-19　将花朵动画融入到公园的视频中

但是在视频中，花朵的根部悬在空中超出了小桥上的栏杆，我们给花朵动画添加一个
Roto 节点来简单解决这个问题。使用贝塞尔曲线绘制一个遮罩，然后在右侧 Roto 的属性
面板中，设置遮罩的 Output 为 None，Premultiply 为 Alpha。这时画面中就只显示花朵在遮
罩以内的部分，好像根部被栏杆遮挡了一样。随着动画的播放，花朵也在不断运动，在不同
帧的位置，对遮罩形状进行修改，使花朵在整个过程中根部的位置都贴合栏杆即可。如图
10-20 所示。

最后，给 Merge 节点添加一个 Write 节点进行文件的输出，在右侧属性面板设置好输出
格式之后，点击"Render"进行渲染即可。如图 10-21 所示。

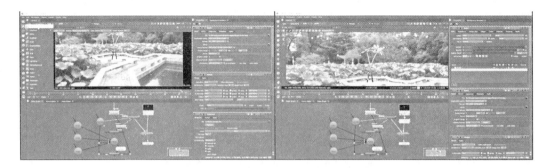

图 10-20　使用遮罩优化花朵动画的效果

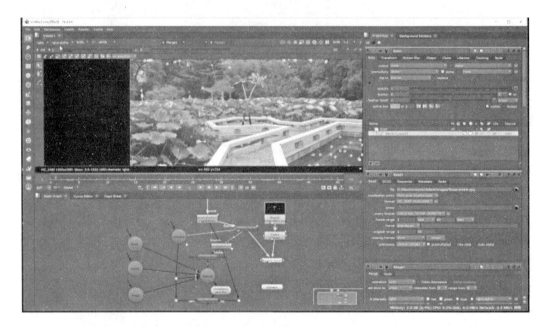

图 10-21　渲染完成的特效动画

10.5　同　步　测　试

1. 在视频制作中,一般会经常使用哪两种颜色作为抠像处理的背景颜色?(　　)

A. 灰色和黑色

B. 蓝色和绿色

C. 蓝色和白色

D. 绿色和白色

2. 跟踪点的外框大小应该怎样?(　　)

A. 越大越好

B. 越小越好

C. 能够涵盖跟踪点在相邻两帧的运动范围

D. 随便设置

3. (多选)以下关于跟踪摄像机和跟踪运动的描述,正确的有(　　)。

A. 跟踪摄像机能自动识别图像,图像移动时会跟着移动捕捉图像

B. 跟踪运动是捕捉物体的运动状况,然后使用计算机对该图像数据进行处理,得到不同时间计量单位上不同物体(跟踪器)的空间坐标(X,Y,Z)

C. 跟踪摄像机是前期拍摄,摄像机在运动,后期在 AE 中可以反求摄像机的运动数据

D. 跟踪运动就是对视频中运动的特征进行跟踪,运动跟踪是为了可以清楚捕捉到运动的轨迹

参 考 答 案

第 1 章

1. B   2. A   3. B   4. C   5. ACD

第 2 章

1. A   2. BC   3. ABC

第 3 章

1. C   2. B   3. B   4. AD   5. AD

第 4 章

1. D   2. AC   3. AB

第 5 章

1. C 2. A 3. AD 4. BC

第 6 章

1. B 2. A 3. CD

第 7 章

圆柱体默认纵向只有一个分段,因而无法变形,若绑定前增加纵向分段数则可解决。

第 8 章

1. B 2. C 3. A 4. A 5. ABC

第 9 章

1. D 2. C 3. B 4. AD 5. BD

第 10 章

1. B 2. C 3. ABCD

附录　Maya 的常用快捷键

工具操作

快捷键		功能解释
	Enter	完成当前操作
	~	终止当前操作
	d	使用鼠标左键移动枢轴(移动工具)
	Insert	在移动枢轴与移动对象之间切换(移动工具)
	j	(按住＋拖动)移动、旋转、缩放工具捕捉
	w	移动工具
	e	旋转工具
	r	缩放工具
	y	非固定排布工具
	＝/＋	增大操纵杆显示尺寸
	−	减少操纵杆显示尺寸
	t	显示通用操纵器工具
Ctrl	t	显示操纵杆工具
	q	选择工具,(切换到)成分图标菜单
Shift	q	选择工具,(切换到)多边形图标菜单
Alt	Tab	反向循环切换视图中编辑器值
Shift	Tab	循环切换视图中编辑器值

动画关键帧

快捷键		功能解释
	s	设置关键帧
	i	插入关键帧模式
Shift	e	存储旋转通道的关键帧
Shift	r	存储缩放通道的关键帧
Shift	w	存储转换通道的关键帧
Ctrl＋Shift	e/r/w	在当前位置插入旋转/缩放/平移关键帧
Alt	v	播放动画(再次按 V 键可关闭动画)

动作操作

快捷键		功能解释
Ctrl	z	撤销
Ctrl	y	重做
	g	重复上次操作
	F8	切换对象/组件选择模式
Shift	p	断开父子关系
	p	结成父子关系
	s	设置关键帧
Shift	w	对选定对象位置设定关键帧
Shift	e	对选定对象旋转设定关键帧
Shift	r	对选定对象缩放设定关键帧

选择菜单模式

快捷键		功能解释
Ctrl	m	显示/隐藏主菜单栏
Shift	m	显示/隐藏面板菜单栏
Ctrl + Shift	m	显示/隐藏面板工具栏
	h	转换菜单栏(标记菜单)
	F2	显示建模菜单
	F3	显示装备菜单
	F4	显示动画菜单
	F5	显示动力学 FX 菜单
	F6	显示渲染菜单

选择对象和组件

快捷键		功能解释
	F8	切换对象与组件编辑模式
	F9	选择多边形顶点
	F10	选择多边形的边
	F11	选择多边形的面
	F12	选择多边形的 UV
Ctrl	i	选择下一个中间对象
Alt	F9	选择多边形的顶点和面
	<	收缩多边形选择区域
	>	增长多边形选择区域

显示设置

快捷键		功能解释
	4	网格显示模式
	5	实体显示模式
	6	实体和材质显示模式
	7	灯光显示模式
	0	默认质量显示
	d	设置显示质量(弹出式标记菜单)
	1	粗糙质量显示
	2	中等质量显示
	3	平滑质量显示

快捷菜单显示

快捷键		功能解释
Alt	空格键	(按下)显示快捷菜单
Alt	空格键	(释放)关闭快捷菜单
	m	默认快捷菜单显示类型

播放控件

快捷键		功能解释
Alt	.	在时间方向上向前移动一帧
Alt	,	在时间方向上向后移动一帧
	.	转到下一个关键帧
	,	转到上一个关键帧
Alt	v	启用或禁用播放
Alt + Shift	v	转到最小帧
	k	虚拟时间滑块

显示/隐藏对象

快捷键		功能解释
Ctrl	h	隐藏当前选择
Shift	h	显示当前选择
Ctrl + Shift	h	显示上次隐藏的项目
Alt	h	隐藏未选定对象
Ctrl	1	查看选定对象

移动选定对象

快捷键		功能解释
Alt	↑	向上移动一个像素
Alt	↓	向下移动一个像素
Alt	←	向左移动一个像素
Alt	→	向右移动一个像素
	·	设置键盘的中心集中于命令行
Alt	·	设置键盘的中心集中于数字输入行

视图操作

快捷键	功能解释
Alt＋鼠标左键	旋转视图
Alt＋鼠标中键	移动视图
Alt＋鼠标右键	缩放视图
Alt＋鼠标右键＋鼠标中键	缩放视图
Alt＋Ctrl＋鼠标右键	放大视图
Alt＋Ctrl＋鼠标中键	框选缩小视图

窗口和视图设置

快捷键		功能解释
Ctrl	a	弹出属性编辑窗/显示通道栏
	a	满屏显示所有物体(在激活的视图)
	f	满屏显示被选目标
Shift	f	在所有视图中满屏显示被选物体
Shift	a	在所有视图中满屏显示所有物体
	空格键	快速切换单一视图和多视图模式

文件管理

快捷键		功能解释
Ctrl	n	新建场景
Ctrl	o	打开场景
Ctrl	s	保存场景
Ctrl＋Shift	s	场景另存为
Ctrl	q	退出
Ctrl	r	创建文件引用

编辑操作

快捷键		功能解释
Ctrl	z	撤销上一步操作
Shift	z	重做上一步操作
	g	重复上一步操作
Ctrl	d	复制
Ctrl + Shift	d	特殊复制
Shift	d	复制被选对象并变换
Ctrl	g	组成群组
	p	指定父子关系
Shift	p	断开被选物体的父子关系
Ctrl	x	剪切
Ctrl	c	复制
Ctrl	v	粘贴

绘制操作

快捷键		功能解释
Alt	f	整体应用当前值
Alt	a	开启或关闭显示线框
Alt	c	开启或关闭颜色反馈
Alt	r	开启或关闭反射
	u	切换 Artisan Paint 操作方式(弹出式标记菜单)
	b	修改高端笔刷半径(按下/释放)
Shift	b	修改低端笔刷半径(按下/释放)
Ctrl	b	编辑 Paint Effects 模板笔刷设置
	m	修改最大置换(雕刻曲面和雕刻多边形工具)
	n	修改绘制值(按下/释放)
	/	切换到拾取颜色模式(按下/释放)
	o	修改多边形笔刷/UV 工具标记菜单

渲染

快捷键		功能解释
Ctrl		渲染视图下一个图像
Ctrl	→	渲染视图上一个图像
Ctrl	p	在模态窗口中打开"颜色选择器"

捕捉栅格

快捷键		功能解释
	c	捕捉到曲线
	x	捕捉到栅格
	v	捕捉到点
	j	移动、旋转、缩放工具捕捉
Shift	j	移动、旋转、缩放工具相对捕捉

层级变更

快捷键		功能解释
	↑	从当前项向上移动
	↓	从当前项向下移动
	←	从当前项向左移动
	→	从当前项向右移动

混合操作

快捷键		功能解释
	]	重做视图更改
	[	撤销视图更改

建模操作

快捷键		功能解释
Ctrl	F9	将多边形选择转化为顶点
Ctrl	F10	将多边形选择转化为边
Ctrl	F11	将多边形选择转化为面
Ctrl	F12	将多边形选择转化为 UV
	1	默认多边形网格显示
	2	框架＋平滑多边形网格显示
	3	平滑多边形网格显示
Ctrl＋Shift	q	激活四边形绘制工具
Ctrl＋Shift	x	激活多切割工具
	l	(按住)锁定/解除锁定曲线的长度